14位中国烘焙大师
手把手教你做烘焙料理

中国烘焙大师 I

中际烘焙协会 / 主编

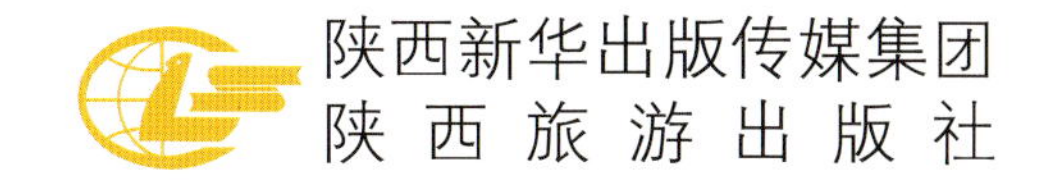

陕西新华出版传媒集团
陕西旅游出版社

图书在版编目（CIP）数据

中国烘焙大师. Ⅰ / 中际烘焙协会主编. — 西安 ：陕西旅游出版社，2017.11
ISBN 978-7-5418-3565-0

Ⅰ. ①中… Ⅱ. ①中… Ⅲ. ①烘焙—糕点加工 Ⅳ. ①TS213.2

中国版本图书馆 CIP 数据核字(2017)第 268255 号

中国烘焙大师Ⅰ　中际烘焙协会 主编

责任编辑：贺 姗
摄影摄像：深圳市金版文化发展股份有限公司
封面设计：深圳市金版文化发展股份有限公司
出版发行：陕西旅游出版社（西安市唐兴路 6 号　邮编：710075）
电　　话：029-85252285
经　　销：全国新华书店
印　　刷：深圳市雅佳图印刷有限公司
开　　本：889mm×1194mm　1/16
印　　张：13
字　　数：180 千字
版　　次：2017 年 11 月　第 1 版
印　　次：2017 年 12 月　第 1 次印刷
书　　号：ISBN 978-7-5418-3565-0
定　　价：168.00 元

刘科元
刘科元西点蛋糕咖啡烘焙学院院长
中际烘焙协会执行会长

在欧美的烘焙店里，这种场景经常出现：买一根坚硬的法棍，再点一杯咖啡，最后还拿着一本书，离开店面。这份自然和从容，我觉得和一个中国人在包子店或馒头店是一样的。

为什么欧美烘焙店的装修可以把欧式风格表达得那么纯粹？为什么他们的产品（欧包、西点、三明治类）可以做得那么好？因为他们的生活方式就是这样的，这是他们的生活常态！这和你感慨他们英文说得那么好，他们感慨你中文说得这么好，本质是一回事儿。

没有欧美生活方式和文化基因，只知道照搬“物理硬件”，就只能跟在他们后面，盲目地膜拜。自烘焙风行以来，中国也从不缺乏有学习之心的烘焙老板，频繁来往于欧美、日韩之间，结果却是一线城市被欧美日韩品牌强势占领，而本土品牌少有还手之力，令人扼腕。

我们不缺少膜拜者，更不缺乏拿来主义者，但唯独少有“眼睛盯着门店销售，心中装着‘强国梦’的烘焙追梦人”。所以，要做好烘焙，首先我们要知道中国烘焙的发展史，其次应该多结合中国文化、本土特色，有创意地制作烘焙产品。

中国烘焙的发展是从 20 世纪 80 年代由香港师傅到大陆开店，到后来台湾师傅的到来，经过十多年的沉淀，在 1996 年才真正成为行业。2008 年后，中国烘焙行业飞速发展，烘焙食品逐渐成为日常食品，我作为看着中国烘焙行业发展的第一代技术人真的感慨万千，由中际烘焙协会开展的行业权威认证的“中国烘焙大师”培训认证已经三届了，为了把中国烘焙业的传承更好地推广，我特别想将这些烘焙大师的资源整合在一起，编写《中国烘焙大师》系列图书，第一本、第二本、第三本这样一直编写下去，力争做中国烘焙行业前所未有的最具影响力的书籍。

《中国烘焙大师Ⅰ》这本书参与的烘焙大师们，有我；有中国烘焙专家委员会主席汪国钧老师，汪国钧老师也是中国新食品安全法的制定专家；有台湾名师快乐烘焙倡导者、中国烘焙大师导师之一林承贤老师；还有曾服务蒋经国、张学良 18 年之久的教父级烘焙大师姜台宾老师；还有第一届、第二届、第三届烘焙大师赛已经通过认证，并在行业有十多年烘焙经验的大师：陈基干、陈国群、冯德兵、张惇慧、彭湘茹、蔡诗令、朱道升、易际光、马静、陈锦辉、张勇等烘焙大师。

我是在其他行业做生意失败后来到烘焙行业从做学徒开始的，一进入烘焙行业，我就疯狂地喜欢上了这个行业，因为它既是美食又是艺术，我本人从小就喜欢写字、画画，所以在往后的求艺道路上我一直非常用心，说实话，现在是一个浮躁的时代，所以现在大多数的烘焙技术从业者都很浮躁，真正有匠心的烘焙师傅并不多，所以我希望通过这本《中国烘焙大师Ⅰ》，能给烘焙行业、师傅们和初学者起到传承和引导的作用。我认为学烘焙要学法国的“根”、学日本的“匠”，“传承烘焙匠艺，创造健康美食”是一直贮藏在我心中的核心理念，希望初学者可以通过这本书得到帮助。

汪国钧

中国烘焙专家委员会主席
中国新食品安全法的制定专家
中际烘焙协会会长

改革开放 30 年来，我国对外交往频繁，经济欣欣向荣，人民生活水平有了很大的提高，原先作为生活点缀的糕点面包渐渐成了日常消费。促使糕点面包店犹如雨后春笋茁壮成长，遍布我国大江南北、城镇僻巷，东自浙江普陀山，西到新疆喀什，南自海南三亚，北到黑龙江黑河，都可见糕点面包房的踪影，我国烘焙行业出现了前所未有的蓬勃发展的大好景象。不少有识之士投身糕点面包行业，或专研技艺，或传艺解惑，极大地提升了糕点面包的制作水平。

为了进一步推动烘焙行业的发展，中际烘焙协会（前身是中国烘焙食品工业协会，会员遍及大陆和港澳台）不失时机地开展了中国烘焙大师的培训、考核和认定。2014 年至今已有 100 多位烘焙行业的精英获得了中国烘焙大师的称号，其中有台湾和港澳的烘焙名师。

目前，热衷于糕点面包制作的除了烘焙行业的从业人员外，还有不少业余爱好者，提升糕点面包制作技艺是他们的愿望。《中国烘焙大师 I》一书荟萃两岸三地 14 位烘焙大师的作品，把制作工序繁多的高端烘焙作品逐步拆解，帮助读者轻松学做高水准烘焙作品，无疑会受到他们的欢迎。我想，这是一个好兆头，希望《中国烘焙大师》这个系列能持续不断出版，为烘焙行业的发展做出贡献。

汪国钧

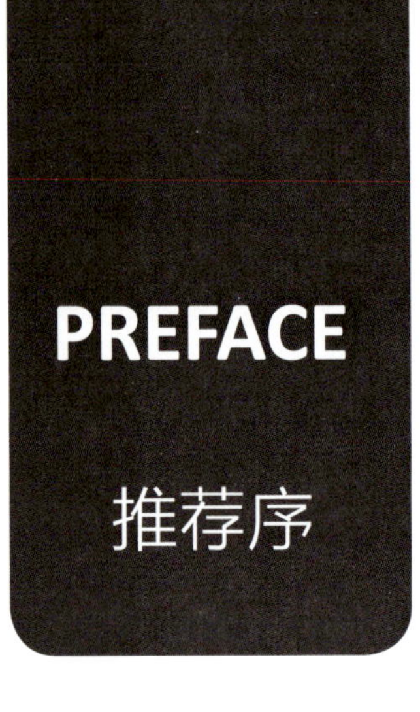

PREFACE
推荐序

彭贤枢
中际烘焙协会秘书长

人一生只要装扮了这个世界的美丽，无论活的时间长短，他在生命中的舞台是值得的，烘焙大师这个漂亮的平台，照亮了许多优秀敬业的烘焙专家。真正的成长，并非让生命在日复一日中消耗，而是透过一种新的可能性，让人生的经历在身上留下印记！

大师们将其从事烘焙多年的精华流行产品，呈现在《中国烘焙大师Ⅰ》这本书中。中际烘焙协会是一个世界级的交流平台，立足大中国，面向全世界！发扬烘焙于两岸三地及世界烘焙舞台，打造世界级优秀且具有代表性的烘焙大师，本书最大特点是产品精致，配方精准，流程清晰，图文并茂，集结了内地和港台烘焙大师们精心制作的私房产品！

人生有无数的机缘，而中国烘焙大师的交流平台，由刘科元会长默默地付出，为中国烘焙业的发展尽心尽力、任劳任怨、无怨无悔地付出！创造了一个崭新的烘焙交流平台，中际烘焙协会的一步一脚印都是一种崭新的可能性，超越了以前的不可能！敬爱的烘焙大师们，因为你们的无私奉献，将个人精华呈现在本书中，将美丽的烘焙带向一个高峰，在此给各位烘焙大师们致以最高敬意！

彭贤枢

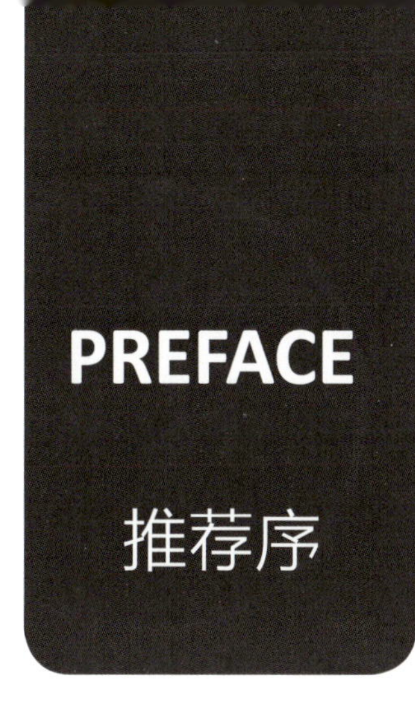

王善成
正大集团 北京正大蛋业有限公司资深总裁

鸡蛋是烘焙食品中不可或缺的原料之一，是日常生活中非常常见的食材。正因为如此，鸡蛋往往被众人忽略。《中国烘焙大师Ⅰ》的创作者多为从国外深造回国的匠人，他们深知鸡蛋在食品制作过程中的重要性，正大蛋液因此得到了众多大师的推崇。蛋液在欧美、日韩非常普遍，不但优化了后厨流程，也大大减少了美食制作过程中引入的风险。

正大集团发源于泰国，自创建已有近百年历史。集团秉承“利国、利民、利企业”的原则，在中国扎根于农牧，发展于食品。与《中国烘焙大师Ⅰ》结缘，皆因本书的创作者们对于食材的苛选。

一流的匠人，人品比技术更重要。在食品添加剂泛滥的社会现状下，《中国烘焙大师Ⅰ》倡导匠心烘焙，选用健康安全食材，用多年积累的技艺创造美食。中华美食安全，则中华民族强！

目录

CONTENTS

搅拌器
芝士模
慕斯模
刘科元西点蛋糕咖啡烘焙学院监制
土司模
光吸
蛋糕模
粉筛
奶油机
温度计
手套
裱花嘴
小烤盘
裱花袋
平底锅 / 布巾
软刮刀
分件器

派模
量杯
喷壶
不锈钢盆
凉网
电子秤
玻璃碗
擀面杖
卷棍
勺子
刮板
量匙
叉子
欧式刮片
水果刀
慕斯刀
转盘
铲刀
抹刀
牙刀
火枪

刘科元

刘科元西点蛋糕咖啡烘焙学院创始人
刘科元西点蛋糕咖啡烘焙学院院长
现任中际烘焙协会执行会长一职

Liu ke yuan

刘科元老师回忆起其从事烘焙行业的机缘，说到是由于他在其他行业做生意失败后再找工作时发现自己并没有一技之长，而学技术要学与自己兴趣爱好有关的行业，刘老师平时喜欢写字画画，所以选择了烘焙，因为当时生日蛋糕的主流是在表面画画，所以跟刘老师的兴趣爱好有关联。

刘老师至今还清晰地记得当他学会画第一朵玫瑰花的时候，还专门花了一笔费用去买了一个胶卷回来将第一个处女作蛋糕拍摄下来。此外，其他的趣事也非常多，举不胜举，比如不小心把牛油弄进椰蓉里面，干脆加点芝麻油混合粘到面团上去烤结果变成全国流行的椰香包；做生日蛋糕时用各种民族元素去自制制作工具，也流行起来等，这些事情都让他很有成就感，如今，他在烘焙道路上已走了 25 个年头。

Baking Experience

刘科元西点蛋糕咖啡烘焙教育机构创始人、院长
国家级西式面点高级技师
中际烘焙协会执行会长
中华厨皇协会烘焙专委会执行会长
中国烘焙行业专家委员主席
《中国烘焙》编辑部主编
美国加州核桃协会首席高级顾问
和谐中国 2010 年度烘焙行业杰出创新人物
荣获 2014 年第一届“中国烘焙大师”称号

创作理念

刘科元老师的烘焙创作理念主要来自于传承的动机，做产品要根据时代的变化而变化，要用敏锐的嗅觉去发现流行趋势，用心去挖掘本土食

热带水果混合果汁喝过没？有没有发现各种热带水果，如菠萝、芒果、橙子等混合在一起完全没有冲突。这便是这款热带水果杯的创作理念！搭配奶冻和香草奶油，多个层次的味道造就匠心的小甜品！

缤纷热带奶冻

Bin fen re dai nai dong

材料

A. 香草奶冻

- 配方奶油 700 克
- 糖 75 克
- 牛奶 200 克
- 香草 1 根
- 吉利丁片 9 克（泡冰水里）

B. 热带水果层

- 椰浆 119 克
- 芒果果蓉 52 克
- 柠檬汁 17 克
- 橙皮屑 1 克
- 糖 30 克
- 苹果果胶 2 克
- 凤梨丁、橙子丁各 175 克
- 椰子酒 15 克

C. 香草奶油

- 奶油 250 克
- 香草荚 1 根
- 吉利丁片 7 克（泡冰水里）
- 白巧克力 120 克
- 奶油 500 克

*150 毫升的玻璃杯 6 个

1. 材料的准备

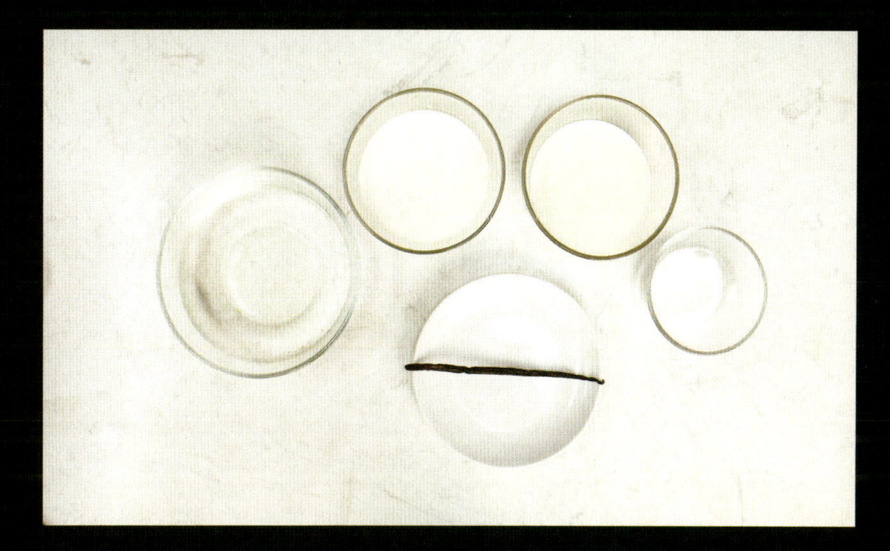

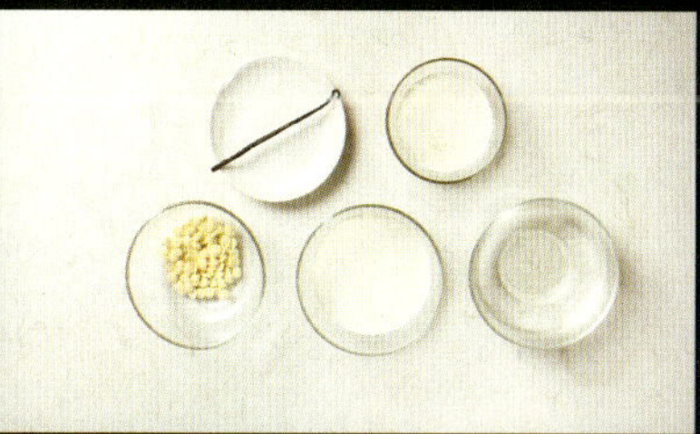

2. 香草奶冻的制作

① 锅中依次放入奶油、牛奶、糖，再将香草刮籽倒入锅中，加热搅拌至煮开。

② 加入泡软的吉利丁片，搅拌至其完全融化。

③ 将煮好的奶冻倒入杯中，50 克 / 杯，冷藏 2~3 小时，至表面凝结。

3. 热带水果层的制作

① 将椰浆、芒果果蓉、柠檬汁依次倒入锅中，加热至沸腾。

② 加入橙子丁、凤梨丁、橙皮屑，拌匀，加热 1~2 分钟后熄火。

③ 将糖和苹果果胶混合均匀后倒入步骤 2 中的混合物里，搅拌均匀。

④ 凉一凉后加入柠檬汁、椰子酒，过滤后取果汁待用。

4. 香草奶油的制作

① 将香草刮籽放入装有250克奶油的容器碗中，倒入锅中，煮至沸腾后离火。

② 将步骤 1 中的奶油倒入装有巧克力的容器碗中，拌匀，再加入泡软的吉利丁片，混合均匀。

③ 将 500 克奶油打发至中性发泡，倒入步骤 2 中的混合物，均质 2 分钟，拌匀。

④ 装入裱花袋中，密封，冷藏 12 小时，备用。

① 取出冻好的香草奶冻，加入热带水果层，冷冻至表面凝结，再用裱花袋挤出香草奶油。

② 制作好的缤纷热带奶冻，顶部可以发挥创意用可食用的各种材料装饰。

TIPS

每一个层次倒入的分量不要太多，且一层倒入需冷冻至凝固方可倒下一个层次。

小清新绿色的泡芙酥皮，再加上完美的泡芙配方与操作步骤，制作出来的泡芙外酥内软，搭配入口即化的香草奶油，让人忍不住想多吃几个。

绿丝绒泡芙

Lü si rong pao fu

材料

A. 香草奶油

- 淡奶油 250 克
- 香草荚 1 根
- 吉利丁片 7 克（泡冰水里）
- 白巧克力 120 克
- 淡奶油 500 克

B. 泡芙酥皮

- 黄油（切块）80 克
- 低筋面粉 100 克
- 细砂糖 100 克
- 融化后的天然绿色素 少许

C. 泡芙

- 黄油 100 克
- 水 250 克
- 盐 5 克
- 糖 5 克
- 低筋面粉 150 克
- 全蛋液 150~250 克

* 每份配方 24 个成品

1. 材料的准备

2. 香草奶油的制作

❶ 将香草刮籽放入装有 250 克淡奶油的容器碗中，倒入锅中，煮至沸腾后离火。

❷ 将步骤 1 中的淡奶油倒入装有巧克力的碗中，拌匀，再加入泡软的吉利丁片，混合均匀。

❸ 将 500 克淡奶油打发至中性发泡，倒入步骤 2 的混合物，拌匀均质 2 分钟。

❹ 装入裱花袋中，密封，冷藏 12 小时，备用。

3. 泡芙酥皮的制作

❶ 取一干净的容器碗，倒入细砂糖、黄油后搅拌均匀，再滴入几滴天然绿色素，搅拌均匀。

（备注：泡芙酥皮部分使用冷藏状态下的黄油）

❷ 倒入过筛后的面粉，继续搅拌均匀至完全混合、上色匀称的黏土状。

❸ 将拌好的面团放在油布之间，擀 至 2~3 毫米厚，放入冰箱冷藏，备用。

4. 泡芙的制作

❶ 将水、糖、盐、黄油放入厚底锅中一起加热搅拌至沸腾。

❷ 迅速倒入过筛好的低筋面粉，继续加热并不断搅拌至完全混合均匀。

❸ 离火后继续搅拌 1 分钟左右，使其稍微冷却。

❹ 分 3 次加入全蛋液，每次约 50 克，搅拌均匀，盛入裱花袋中。

（备注：根据面糊状态再决定是否加入第 4 次，面糊稠度状态要求为有流动性会挂成一个倒三角形）

❺ 取干净的烤盘，挤出泡芙坯。

5. 成品的制作

❶ 将泡芙酥皮取出，用模具压成小圆块状，依次放上泡芙坯顶部。

❷ 放入烤箱中，温度设置为 180℃，烘烤 18 分钟。

❸ 取出烤好的泡芙，从中间切开，但不要完全切断，挤入香草奶油后即可。

TIPS

泡芙的装饰奶油除了香草荚以外，也可以更换各种不同口味的奶油。

光滑无瑕的镜面，浓厚的苦醇巧克力，搭配树莓的酸甜感觉，厚重的巧克力味道变得不会腻人，两层杏仁蛋糕坯体的夹心更是丰富了口感的层次。这是一款透着杏仁香、巧克力浓香搭配着树莓酸甜味的高阶法式镜面蛋糕！

镜面树莓巧克力

Jing mian shu mei qiao ke li

扫一扫看视频

材料

A. 杏仁蛋糕坯

- 全蛋液 150 克
- 糖粉 125 克
- 杏仁粉 125 克
- 蛋白液 60 克
- 食盐 2 克
- 低筋面粉 20 克
- 黄油 20 克

B. 白巧克力慕斯

- 淡奶油 10 克
- 白巧克力 12.5 克
- 柠檬汁 2.5 克
- 吉利丁片 1.3 克（泡冰水里）
- 淡奶油 25 克

C. 树莓果味夹层

- 葡萄糖浆 20 克
- 水 10 克
- 细砂糖 10 克
- 树莓果泥 40 克
- 吉利丁片 1.3 克（泡冰水里）

D. 黑巧克力慕斯

- 淡奶油 32.5 克
- 可可粉 2.5 克
- 咖啡粉 0.5 克
- 黑巧克力 40 克
- 吉利丁片 1.3 克（泡冰水里）
- 淡奶油 75 克
- 朗姆酒 2.5 克

E. 黑巧克力镜面

- 水 100 克
- 细砂糖 225 克
- 淡奶油 190 克
- 葡萄糖浆 190 克
- 可可粉 75.5 克
- 吉利丁片 12.5 克（泡冰水里）

* 每份配方 1 个成品

1. 材料的准备

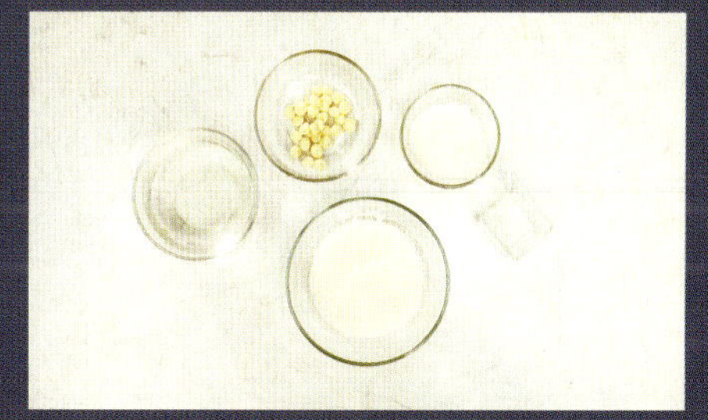

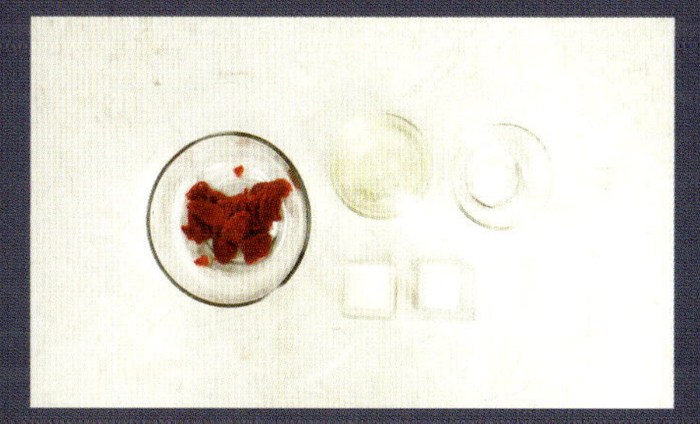

2. 杏仁蛋糕坯的制作

❶ 将全蛋液打至蛋黄与蛋白完全混合后倒入装有糖粉、杏仁粉的碗中，搅拌均匀后，将它们打发至 2 倍体积。

❷ 将蛋白液和食盐打发后放入步骤 1 中的混合物中，搅拌均匀。

❸ 再加入黄油、低筋面粉搅拌均匀。

❹ 烤盘中铺上一层烘焙油纸，将步骤 3 中的混合物铺平，放入烤箱中，上火 180℃、下火 180℃烘烤 18 分钟。

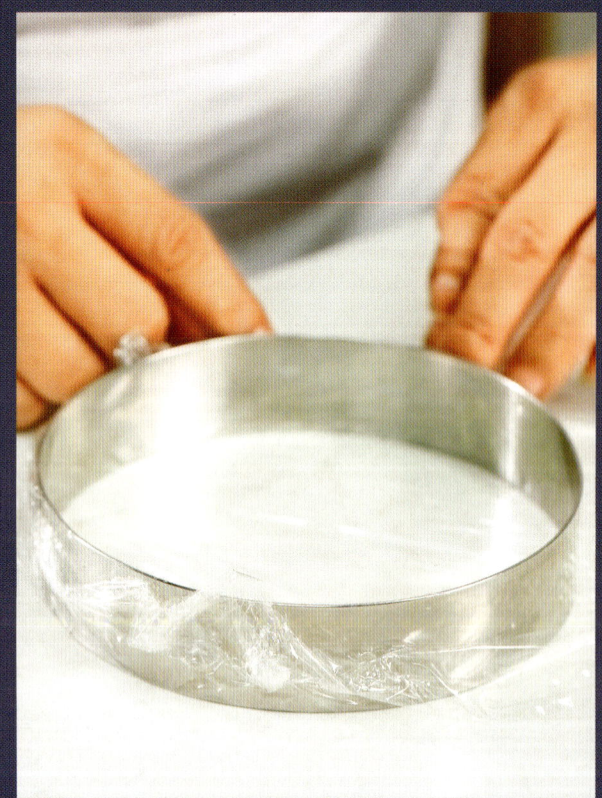

3. 白巧克力慕斯的制作

❶ 将 10 克淡奶油、白巧克力隔水加热融化，拌匀。

❷ 将泡软的吉利丁片倒入步骤 1 的混合物中，利用余热融化搅匀，再加入柠檬汁搅拌均匀。

❸ 取一干净的容器碗，倒入 25 克淡奶油后打发，拌入步骤 2 的混合物中，继续搅拌均匀。

❹ 将模具的一面包上一层保鲜膜，四周封紧，倒置后放在盘上，倒入步骤 3 中的混合物，稍微震动，除去气泡，冷冻 1 小时。

4. 树莓果味夹层的制作

❶ 先将树莓果泥自然解冻为液体，待用。

❷ 依次将水、葡萄糖浆、细砂糖倒入锅中，加热煮至 103℃以上。

❸ 倒入树莓果泥搅拌均匀，离火后，再放入泡软的吉利丁片，搅拌均匀，盛出。

❹ 倒入已经冻好的白巧克力慕斯中，稍微震动，除去气泡，继续冷冻 1 小时。

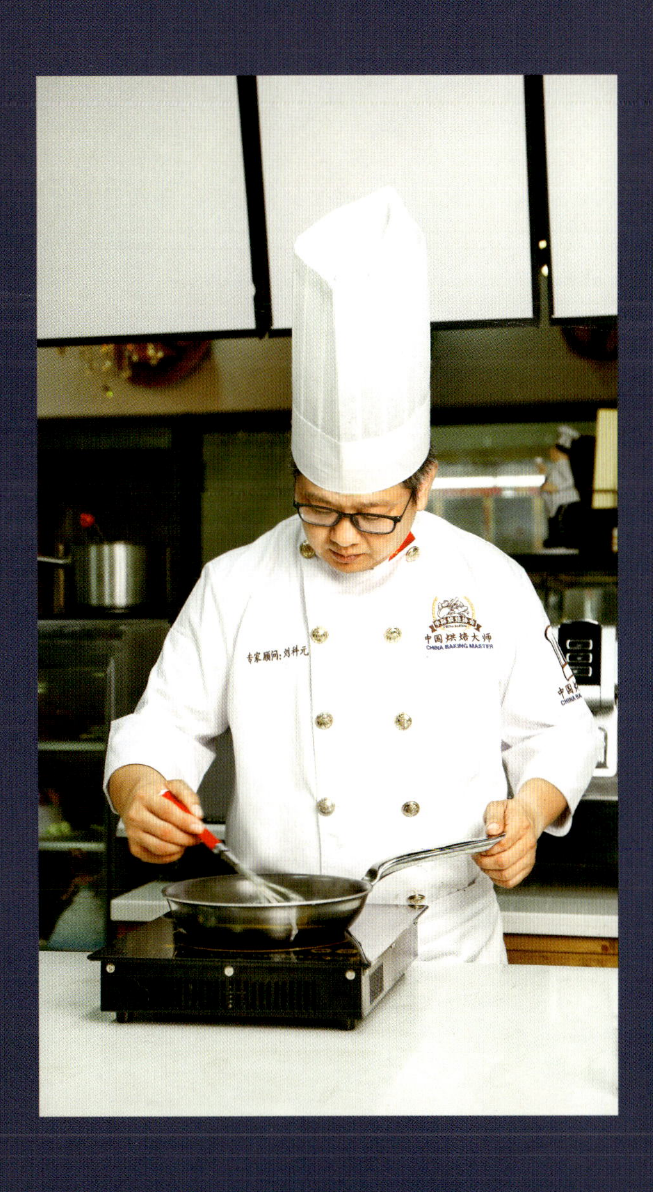

5. 黑巧克力慕斯的制作

❶ 将 32.5 克淡奶油、可可粉、咖啡粉倒入锅中，边加热边搅拌均匀，直至煮沸后离火，倒入装有黑巧克力的碗中，搅拌均匀。

❷ 加入泡软的吉利丁片用余热使其融化，并搅拌均匀，加入朗姆酒拌匀。

❸ 取一干净的容器碗，放入 75 克淡奶油，将其打发五成后拌入步骤 2 中的混合物中，搅拌均匀。

❹ 将模具的一面包上一层保鲜膜，四周封紧，倒置后放在盘上，倒入步骤 3 中的混合物，稍微震动，除去气泡，冷冻 2 小时。

❺ 剩余的黑巧克力慕斯用保鲜膜封好，冷藏，备用。

6. 黑巧克力镜面的制作

❶ 取一干净的容器碗，依次放入淡奶油、水、细砂糖，边搅拌边加热煮至 60℃后加入葡萄糖浆，继续煮至沸腾后离火。

❷ 加入已泡软的吉利丁片用余热使其融化，并搅拌均匀。

❸ 分次倒入可可粉搅拌均匀。

❹ 过筛，静置消泡，用保鲜膜贴住粘泡，待用。

7. 成品的制作

❶ 将烤好的杏仁蛋糕坯取出，用模具压成两个圆块状，待用。

❷ 将带有树莓果味夹层的白巧克力慕斯脱模，取出。

❸ 取出黑巧克力慕斯，以其为基底，依次放入一层杏仁蛋糕坯，倒入剩余的 1/2 黑巧克力慕斯，再放入脱模后的白巧克力慕斯，倒入剩下的黑巧克力慕斯，铺平，再放上一层杏仁蛋糕坯，冷冻 1 小时 。

❹ 将蛋糕坯取出倒置，撕去保鲜膜后脱模，淋入黑巧克力镜面，底部可发挥创意用可食用的原材料做装饰。

（备注：第 4 步也是为了封住黑巧克力镜面，使其不再滴落）

姜台宾

台湾第六、七届金厨金奖得主
荣获中际烘焙协会颁发的中国烘焙特别贡献奖
倡导“新糖主义”西点制作
中际烘焙协会副会长

出生于台湾台北的姜台宾老师，是中国烘焙业内一位泰斗级人物，提起自己进入烘焙领域的缘由，姜老师说，在他们那个年代，人们基本上是吃不饱的，做烘焙的话起码饿不着肚子，因为有面包可以吃。就是这么一个简单平常的理由，他从 13 岁赴欧学艺，开始踏入烘焙行业，16 岁时成为蒋经国的御用烘焙师，还曾招待、服务过很多国家的知名人士，包括尼克松、撒切尔夫人、国际奥委会前主席萨马兰奇等，姜老师在这条烘焙路上一走就是 54 年。

姜老师回忆起从台湾来到大陆的机缘，1997 年新加坡的一个财团聘请他来到大陆，合作创立一个新的品牌。那时中国大陆的烘焙业尚未起步，为带动大陆烘焙业的发展他收了许多学徒，持续为中国烘焙行业注入新生力量，就这样一直到现在。

Baking Experience

曾任职于：

中央酒店、希尔顿饭店、高雄华园国际假日酒店、桃园假日饭店、香港尖沙咀假日酒店、台北碧富邑大饭店、台北富都饭店点心房主厨、意卢面包坊、TWIN' S 新糖主义创始人、北京凯斯恩贝生产总监、台湾科麦股份上海瑞迪康食品有限公司总经理、广州新甜主义食品有限公司执行董事（甜心客）、成都第一麦方技术总监、东莞第一麦方技术总监。

现任职于：

东莞蓝农田园餐饮公司首席技术总监

东莞市焦点食品公司顾问

中际烘焙协会副会长

海峡技术交流协会总顾问

广州上品优悦餐饮管理有限公司技术顾问

湛江麦咖乐手感烘焙首席技术总监

Jiang tai bin

创作理念

姜台宾老师说，随地取用最适合、最天然的食材，这是烘焙未来的走向，也是他一直坚持和追求的。对于面包的造型，姜老师说其烘焙的造型越简单，口感越好，因此他提倡造型的随意性、简单化，不提倡“雕龙雕凤”、复杂化，那样反而会破坏原食材的口感。

英式松饼为许多人所熟知，但是做得好的很少。这是传统英式下午茶茶点，英国人的“国宝面包”，是非常普遍的一种食物，它又被叫做“无酵母面包”，其中无添加酵母是经过纯天然低温发酵的，口感松软酥香。

英式芝士松饼

Ying shi zhi shi song bing

扫一扫看视频

材料

A. 面团

- 安佳无盐大黄油 360 克
- 韩国幼砂糖 300 克
- 高筋面粉 400 克
- 低筋面粉 600 克
- 泡打粉 40 克
- 牛奶 450 克
- 提子干 100 克
- 芝士片（切丁）300 克

B. 表面装饰

蛋黄液 80 克

1. 材料的准备

2. 面团的制作

❶ 将高筋面粉、低筋面粉过筛后放入案板上，混合均匀，开窝。

* 每份配方 18 个成品

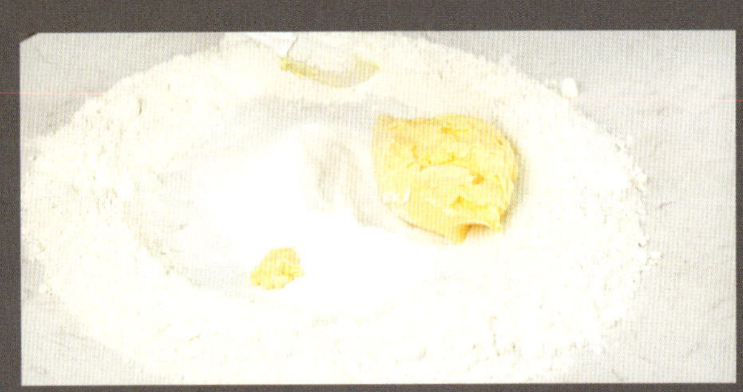

② 中间倒入幼砂糖、泡打粉、黄油，混合均匀至黄油软化无颗粒，继续混合均匀至幼砂糖与黄油完全融合。

③ 倒入牛奶、芝士粒、提子干，混合均匀至成团状，待面团出现筋度即可。

④ 用保鲜膜将面团盖好，室温 26℃ ~28℃松弛 30 分钟。

3. 成品的制作

① 取出发酵好的面团，用擀面杖压平至 1 厘米厚，再用内径 8 厘米的圆形模具切割出面团，放在烤盘上，松弛 20 分钟。

② 在松弛好的面团表面上刷上一层蛋黄液，至蛋黄液微干后，即可入炉烘烤。（备注：蛋黄液要先搅拌均匀再刷）

③ 烤炉需提前预热，温度为上火 180℃、下火 160℃，烘烤 12 分钟后转炉，再烤 10 分钟后即可出炉。

在烘焙中，只要能把犹太面包做好，其他所有面包都能做好。最原始的欧包就是犹太面包，早在古希腊，罗马就开始制作这种面包了，它代表着真理、信仰、祈福，是面包界的美丽皇后。犹太面包表皮酥松，内部松软香糯、奶味十足。

犹太面包

You tai mian bao

扫一扫看视频

材料

A. 面团

- 高筋面粉 500 克
- 韩国 TS 幼砂糖 100 克
- 盐 5 克
- 蛋黄液 75 克
- 全脂牛奶 100 克
- 酵母 7.5 克
- 改良剂 2.5 克
- 蜂蜜 20 克
- 安佳无盐大黄油 100 克

B. 表面装饰

- 蛋黄液 40 克
- 全蛋液 50 克

* 每份配方 2 个成品

1. 材料的准备

2. 面团的制作

❶ 将高筋面粉倒入案板上，开窝。

❷ 在中间的地方放入糖、酵母、改良剂、蜂蜜、黄油、蛋黄液、盐、牛奶混合均匀至可抓握成团。

❸ 将四周的面粉与步骤 2 中的混合物一起混合均匀，揉成面团，待面团呈光滑状态，撑开后成薄膜状即可。

❹ 将面团用保鲜膜盖好，室温 25℃ ~28℃、湿度 60%~70%，发酵松弛 30 分钟。

3. 成品的制作

❶ 取出发酵好的面团，分割成每个面团 230 克，初整形成长条状。于室温 25℃ ~28℃、湿度 60%~70% 二次醒发 30 分钟。

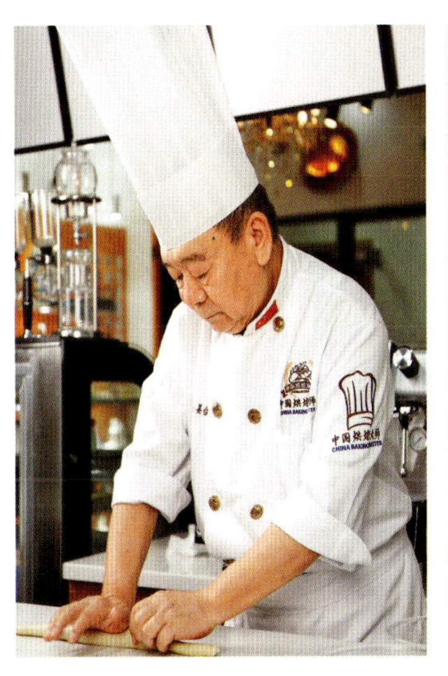

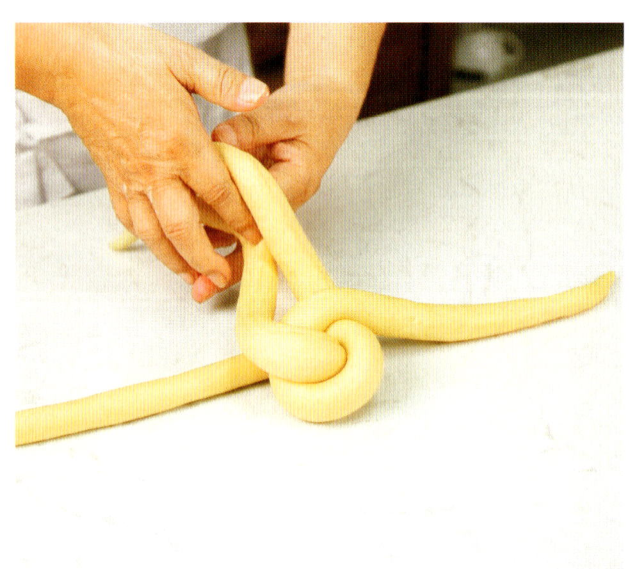

❷ 将醒发好的长条状面团每两条编成长编辫子型，表面涂抹由蛋黄液、全蛋液混合均匀的蛋液后放入醒发箱中醒发，醒发箱温度为 35℃ ~38℃、湿度 75%~85%，醒发 30 分钟。

❸ 烤箱提前预热，上火 180℃、下火 190℃，烘烤 15 分钟后，转炉，关闭上火及下火，继续烘烤 15 分钟，转炉，续烤 10 分钟后即可出炉。

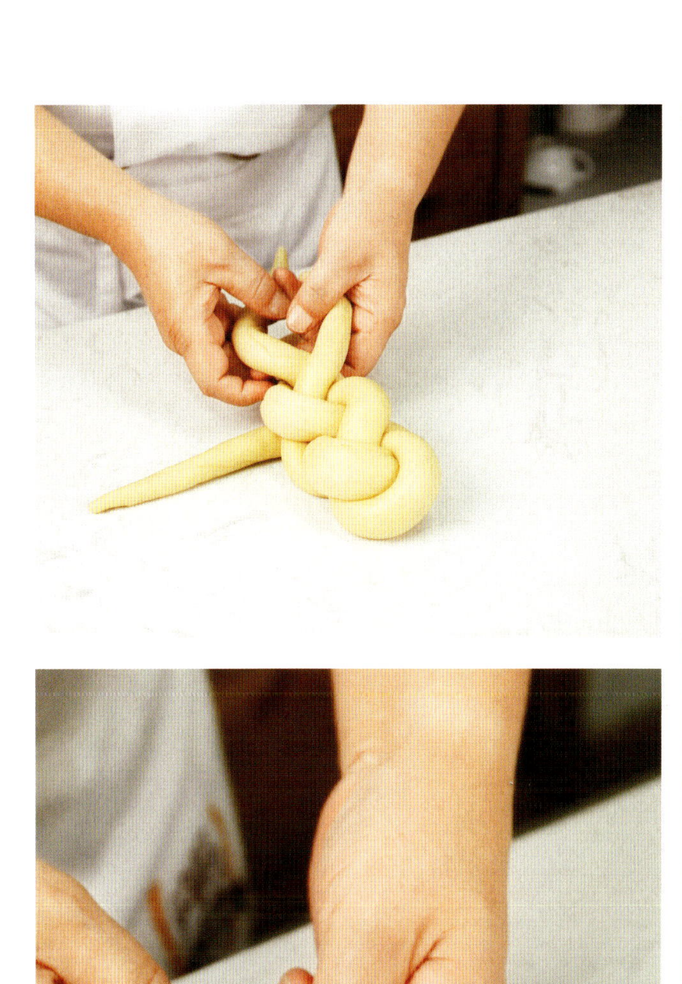

林承贤

中国烘焙专家委员会副主席
中际烘焙协会副会长
中国烘焙大学导师

Lin cheng xian

台湾著名烘焙大师林承贤老师，从一名面包学徒开始，在烘焙道路上奋斗了50余年，他时常前往台湾、日本等地进修学习，烘焙技艺不断提升，最终自创了极有特色的五星级面包，在2001年更是成功挑战吉尼斯世界纪录，制作出总重为2242千克的最大月饼；他曾带领成立了中国第一家月饼博物馆；荣获2014年第一届“中国烘焙大师”称号；成为台湾烘焙行业进入人民大会堂接受颁奖的第一人。林承贤老师致力于烘焙事业的传播与发展，到处讲学培训专业人才，并编著出版了专业书籍《烘焙中国行》一书，分享自己的经验心得，弘扬“匠人精神”。

林老师始终坚持“惜缘、惜福，做一名快乐的烘焙人”的理念，致力于烘焙事业的传播和发展。

Baking Experience

1967 年 一名面包学徒

2001 年 挑战吉尼斯世界纪录，制作出总重 2242 千克的月饼

2011 年 编著《烘焙中国行》

2014 年 第一届“中国烘焙大师”荣誉称号

创作理念

1994 年，林承贤老师因一位台湾老板的引荐来到大陆，开始了他的烘焙传承之路。烘焙行业实际上是由台湾引入到大陆的，林老师是最早期的师傅之一。他以自己精湛的烘焙技术，一直心怀“分享与传承”的理念，一个人走了全中国 800 多个地方、全世界 26 个国家，目前在国内已培养了 4 万多个学生。图书《烘焙中国行》编写的目的也在于此，林老师希望一直守持“工匠

如今人们的生活水平提高了，吃得也很好，健康的素食越来越受到大家的青睐，这款甜品所用的原材料全部为素食，有香菇、豆皮、绿豆馅等。现在在香港、台湾已经很流行这种健康的素食甜品了。

素食绿豆椪

Su shi lü dou peng

扫一扫看视频

材料

A. 油皮部分

- 高筋面粉 200 克
- 低筋面粉 400 克
- 糖粉 40 克
- 酥油 225 克
- 植物油 225 克
- 水 50 克

B. 油酥部分

- 低筋面粉 600 克
- 酥油 250 克

C. 豆沙馅

- 绿豆蓉球 15 个（每个 70 克）

D. 香菇馅

- 香菇丝 30 克
- 蒜末 10 克
- 香菇素松 80 克
- 芝麻油 5 克
- 黑胡椒粉 5 克
- 炸腐竹碎 20 克

* 每份配方 15 个成品

1. 材料的准备

E. 表面装饰

香菜 适量

2. 香菇馅的制作

① 往锅中倒入芝麻油与蒜末，炒香后加入香菇丝翻炒至熟。

② 加入香菇素松，翻搅混合，再加入黑胡椒粉，拌匀后盛出。

③ 加入炸腐竹碎，搅拌混匀，备用。

3. 油皮的制作

① 把高筋面粉、低筋面粉混合均匀。

② 开窝，加入糖粉、酥油、植物油，混合成面团，期间分次加入水混合。

③ 把混合后的面团揉至光滑状态后，将面团置于常温下松弛 20 分钟。

（备注：若有厨师机，可把所有油皮材料放入机桶内，搅拌至光滑后再取出松弛 20 分钟即可）

4. 油酥的制作

把低筋面粉倒在案板上，加入酥油，混合均匀，揉成油酥面团。

（备注：若有厨师机，可把所有油酥材料放入机桶内搅拌至光滑）

5. 开酥步骤

① 将油皮面团分割成 30 克一个的小油皮面团。

② 将油酥面团分割成 10 克一个的小油酥面团。

③ 取一个 30 克油皮包裹一个 10 克油酥，擀成牛舌状，卷起面团，将卷起的面团压扁，垂直于刚才的擀面方向再次擀成牛舌状，卷起。

④ 将卷起的面团压扁，擀成圆饼，备用。

6. 包馅步骤

① 取一个圆饼，放上豆沙馅，把豆沙馅压扁，填入香菇馅，包好。

② 把包好馅的绿豆椪压扁，可以将洗净的香菜叶放在绿豆椪表面做装饰，底下垫上裁好的烘焙油纸，放入烤盘，还可印上特有印章作为个人标识。

7. 成品的制作

放入预热好的烤箱，以上下火 200℃烤 30 分钟；在烤至 20 分钟时，取出翻面，放入烤箱继续烤制 10 分钟即可。

这款喜饼所用的原材料也是全部为素食，美味健康。在台湾，出嫁时一般会吃这种喜饼，也叫“龙凤素食饼”，现在是平时也会吃的一种美食。如今很多人会怀念以前的味道，使得“古早味”的食品大受欢迎。

龙凤喜饼

Long feng xi bing

扫一扫看视频

材料

A. 饼皮部分

- 低筋面粉 500 克
- 糖粉 150 克
- 奶粉 150 克
- 酥油 150 克
- 全蛋液 205 克
- 炼乳 205 克

B. 内馅部分

- 绿豆蓉球 15 个（每个 70 克）
- 香菇馅（取 100 克，做法请看 P044“素食绿豆椪”）

* 每份配方 30 个成品

1. 材料的准备

2. 饼皮的制作

❶ 把糖粉、酥油、全蛋液、炼乳混合成面糊状。

❷ 加入奶粉、低筋面粉混合，揉成光滑的面团。把面团放置在常温下松弛 20 分钟。

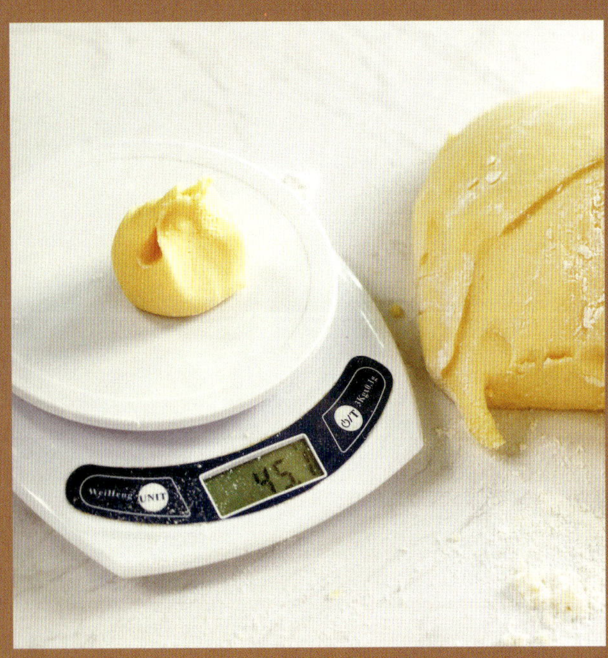

③ 把面团分割成 45 克一个的小面团，擀成圆饼，备用。

（备注：若有厨师机，可把所有饼皮材料放入机桶内搅拌至光滑）

3. 包馅步骤

① 取一个豆沙馅，压扁，包入香菇馅。

② 取一块圆饼皮包住步骤 1 中的豆沙香菇馅。

③ 压扁，放入撒过低筋面粉的模具中，印出形状，取出，底下垫上裁好的烘焙油纸，放入烤盘。

④ 用干刷子扫走喜饼表面多余的低筋面粉。

4. 成品的制作

把喜饼放入预热好的烤箱，以上火 220℃、下火 200℃烤 30 分钟。期间，在烤至喜饼表面颜色微变时，取出，刷上全蛋液，再放入烤箱继续烤制。

TIPS

炸腐竹碎可使用一般的腐竹制作。先在锅中加油，再放入腐竹炸脆，然后捞出摊凉。等腐竹完全摊凉后，把腐竹捣碎即成酥脆爽口的炸腐竹碎。

这是台湾非常流行的糕点，已经有300多年的历史。将香葱、猪肉爆香之后，加入压碎了的烤熟的芝麻，取其自然的香味。另外，所用的绿豆要很纯的才会好吃。它不能久放，只有一周的期限。

绿豆椪

Lü dou peng

扫一扫看视频

材料

A. 油皮部分

- 高筋面粉 200 克
- 低筋面粉 400 克
- 糖粉 40 克
- 猪油 225 克
- 水 50 克

B. 油酥部分

- 低筋面粉 500 克
- 猪油 250 克

C. 豆沙馅

绿豆蓉球 30 个
（每个 70 克）

D. 五花肉馅

- 红葱头 200 克
- 五花肉丁 1000 克
- 鸡精 5 克
- 酱油 15 克
- 盐 5 克
- 黑胡椒粉 20 克
- 熟白芝麻 100 克

* 每份配方 30 个成品

1. 材料的准备

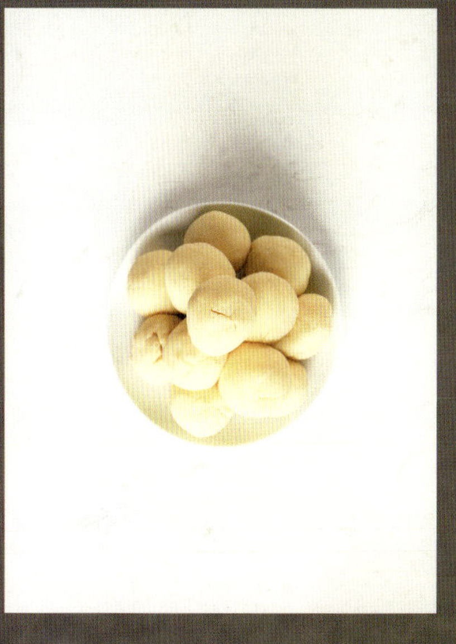

3. 油皮的制作

① 把高筋面粉、低筋面粉、糖粉和猪油混合。

② 加水，混合均匀，揉成光滑面团，置于常温下松弛 20 分钟。

（备注：若有厨师机，可把所有油皮材料放入机桶内，搅拌至光滑后再取出松弛 20 分钟即可）

4. 油酥的制作

把低筋面粉和猪油混合，揉成油酥面团。

（备注：若有厨师机，可把所有油酥材料放入机桶内搅拌使用）

5. 开酥步骤

① 将油皮面团分割成 30 克一个的小油皮面团。

② 将油酥面团分割成 10 克一个的小油酥面团。

③ 取一个 30 克油皮包裹一个 10 克油酥，擀成牛舌状，卷起面团，将卷起的面团压扁，垂直于刚才的擀面方向，再次擀成牛舌状，卷起。

④ 将卷起的面团压扁，擀成圆饼，备用。

6. 包馅步骤

① 取一个圆饼，放上 70 克豆沙馅，把豆沙馅压扁，填入五花肉馅，包好，注意不要包太紧。

② 把包好馅的绿豆椪封口朝下放置，底下垫上裁好的烘焙油纸，放入烤盘，可印上特有印章作为个人标识。

（备注：注意此处不可压扁绿豆椪，否则会影响绿豆椪的最终成型）

7. 成品的制作

放入预热好的烤箱，以上火 130℃、下火 160℃烤 60 分钟即可。

TIPS

热着吃和隔天冷的吃的口感会很不一样，两种都好吃！

多次在国际烘焙赛事上获奖
荣获 2014 年第一届“中国烘焙大师”称号
荣获中际烘焙协会产品创意奖
荣获中际烘焙协会颁发的中国烘焙特别贡献奖
现任成都莱普敦食品有限公司技术研发总监

20 多年前，尚未进入烘焙行业的冯老师在上海工作，有缘遇见了后来他的师傅姜台宾先生。当时姜老师问他想不想学习做面包，自那以后，冯老师便成为了姜台宾的徒弟之一。

学习第一天的情景，冯老师还记忆犹新。当时他去看揽面，看到本身小小的酵母，居然能发成如此大的面团，觉得非常新奇有趣，便开始对烘焙产生了兴趣。制作烘焙的全过程，从开始揽面到看着面团慢慢成型，再经过烘烤，食物出炉，品尝自己烤出的产品经历，经历一次次地磨炼……这一切的一切都使冯老师沉醉于其中，沉醉于烘焙的创作中。

Baking Experience

1998 年 拜师国宝级大师姜台宾门下

2001~2004 年 北京麦生食品有限公司（凯丝恩贝），从面包主管做到生产经理；参与“谁动了我的奶酪”的产品制作

2005~2006 年 上海瑞迪康食品有限公司（欧贝拉），任生产厂长

2007~2011 年 广州新甜主义食品有限公司，任生产技术总监

2011~2013 年 广州皇威食品有限公司（烘焙园丁），任生产技术总监

2014~2015 年 东莞麦方食品有限公司（第一麦方），任生产技术总监职务；荣获中国烘焙食品工业协会颁发的“中国烘焙大师”称号

2016 年 成都莱普敦食品有限公司（海浪心），任技术总监；年底获得中际烘焙协会产品创意奖；参加美国“加州开心果 & 西梅烘焙达人”，产品“开心神话”获得亚军

2017 年至今 成都莱普敦商贸有限公司，任生产技术总监；美国加州核桃面包大赛，产品“美国加州核桃土豆包”获得优秀奖；“焙易创客”中国月饼精英赛，产品“椰子蓝莓月饼”获得季军；获得中际烘焙协会颁发的烘焙贡献奖

ng de bing

创作理念

冯老师将会一直致力于开发自己的新产品。他从今年开始了酸面种和花酿的研发，本书所介绍的三款硬的欧式面包也都是用到了酸面种和花酿。酸面种可以使面包的味道更好，加入花酿能使面包产生不一样的口感和风味。

这款产品使用的是黑杂粮，还含有瓜子仁、燕麦等高纤维的食品，有利人体健康。葛缕子在国外的佐餐里是一种天然的香料，把它放入面包里，能增加产品的风味。另外，酸面种是经过常温 24 小时发酵的，也可以增加面包的风味。

杂粮葛缕子

Za liang ge lü zi

材料

A. 面种

- 高筋面粉 500 克
- 酵母 7.5 克
- 水 375 克
- 洋葱半个
- （此配方制作出的面种达 800 克，用剩余的可以放入冰箱中冷藏备用）

B. 面团

- 面包粉 700 克
- 杂粮粉 300 克
- 食盐 22 克
- 葛缕子 6 克
- 麦芽精 5 克
- 白砂糖 30 克
- 安佳奶油 30 克
- 酵母 10 克
- 冰水混合物 700 克

* 每份配方 6 个成品

1. 材料的准备

2. 面种的制作

❶ 将高筋面粉与酵母一起混合均匀，然后一次性加入纯净水混合均匀，揉成光滑面团。

② 将洋葱包在面团里，于常温 25℃发酵 24 小时。

3. 面团的制作

① 面种取 500 克，备用。

② 将面包粉倒入案板上，开窝，倒入酵母、面种、白砂糖、麦芽精、葛缕子、杂粮粉、食盐、安佳奶油混合均匀。

③ 分次加入冰水混合物，混合均匀，揉成面团，待面团呈光滑状态，撑开后成薄膜状，七成筋度即可。

④ 将面团用保鲜膜盖好，在室温 25℃发酵松弛 30 分钟，把面团折一次面继续松弛 10 分钟。

③ 烤箱预热，上火200℃，下火190℃，蒸汽4秒。

④ 将步骤2中发酵好的面包坯取出倒扣在烤盘上，用刀割成十字，入炉烘烤，烤约40分钟即可。

4. 成品的制作

① 将发酵好的面团分割成350克一个的面团，并搓成圆形放室温25℃松弛20分钟。

② 将面团排气搓成圆形后粘上高筋面粉放入模具内，室温25℃发酵30分钟。

这款面包主要使用了青稞粉、麦子、麸皮。青稞粉具有调节血糖、健脾养胃、增强免疫力的功效。青稞粉本身无味，但用它和全麦粉一起制作面包，就会凸显出麦香的味道。此款产品为传统欧式面包，外脆内软，麦香味浓郁。

青稞全麦包

Qing ke quan mai bao

扫一扫看视频

材料

A. 面种

（取 500 克，做法请看 P060“杂粮葛缕子”）

B. 面团

- 面包粉 800 克
- 青稞粉 200 克
- 食盐 22 克
- 白砂糖 40 克
- 酵母 10 克
- 麦芽精 5 克
- 安佳奶油 40 克
- 麸皮 20 克
- 冰水混合物 700 克

1. 材料的准备

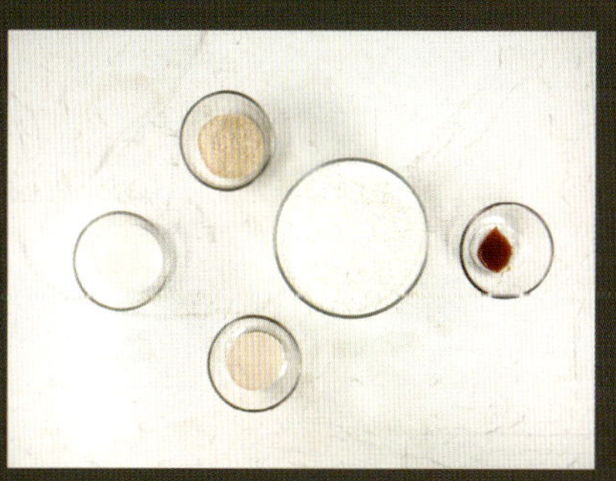

2. 面种的制作

做法请看 P060“杂粮葛缕子”。

* 每份配方 6 个成品

3. 面团的制作

❶ 将面包粉倒入案板上，开窝，倒入 500 克面种、青稞粉、麸皮、食盐、白砂糖、酵母、安佳奶油、麦芽精混合均匀。

❷ 分次加入冰水混合物，混合均匀，揉成面团，待面团呈光滑状态，撑开后成薄膜状，七成筋度即可。

❸ 将面团用保鲜膜封好，在室温 25℃发酵松弛 30 分钟，把面团折一次面继续松弛 10 分钟。

4. 成品的制作

① 将发酵好的面团分割成 350 克一个的面团，搓成椭圆形放室温 25℃松弛 20 分钟。

② 将面团排气搓成椭圆形粘高筋面粉后放入模具内，室温 25℃发酵 30 分钟。

③ 烤箱预热，上火 200℃、下火 190℃，蒸汽 4 秒。

④ 将步骤 2 中发酵好的面团取出倒扣在烤盘上，用刀割成十字，入炉烘烤，烤约 40 分钟即可。

板栗一般很少被用到面包的制作中。有一次，冯老师偶然将板栗夹进面包里，发现这样很好吃，便萌生了将板栗加入到面包制作中的想法。桂花酿能使面包具有一种桂花的香味，再结合板栗香，会很美味。

花酿板栗

Hua niang ban li

扫一扫看视频

材料

A. 面种

（取 450 克，做法请看 P060 “杂粮葛缕子”）

B. 面团

- 面包粉 1000 克
- 食盐 20 克
- 白砂糖 30 克
- 酵母 12 克
- 麦芽精 5 克
- 安佳奶油 30 克
- 桂花酿 100 克
- 冰水混合物 650 克
- 板栗 300 克

1. 材料的准备

3. 面团的制作

① 将面包粉倒入案板上，开窝并倒入 450 克面种、酵母、白砂糖、食盐、安佳奶油、麦芽精、桂花酿混合均匀。

② 分次加入冰水混合物，混合均匀，再倒入板栗，混合均匀，将面团揉至光滑状态，撑开后成薄膜状即可。

（备注：不时用刮刀切割面团，可将板栗切小块）

③ 将面团用保鲜膜封好，在室温 25℃发酵松弛 30 分钟，把面团折一次面继续松弛 40 分钟。

4. 成品的制作

① 将发酵好的面团分割成 200 克一个的面团，搓成圆形放室温 25℃松弛 10 分钟。

② 将面团用手轻轻拍平，做成两种造型，一种是搓成长橄榄形，一种是揉成长条后打结成形，放在烤盘上，室温 25℃发酵 40 分钟。

③ 烤箱预热，上火 200℃、下火 190℃，蒸汽 4 秒。

④ 取出步骤 2 中发酵好的面团，用剪好的纸板在面团表面上进行筛粉割口装饰，入炉烘烤，烤约 40 分钟即可。

彭湘茹

多次在国际大赛上获奖
荣获 2016 年第三届“中国烘焙大师”称号
现任刘科元烘焙学院正统韩式裱花总监

彭湘茹老师来自宝岛台湾，凭借 10 多年的设计师身份涉足烘焙界，是台湾烘焙大师姜台宾的徒弟之一，同时为了自己的烘焙作品在视觉造型上有更多的变化，彭老师还曾远赴韩国求学，跟随韩国老师学习过韩式裱花、翻糖等较特别的、时尚前卫的烘焙技术。

彭老师来大陆已经有 3 年的时间。问起在这边比较有趣的事，她说是出差时可以去不同的城市走走、看看，看得多了，每次就会有新的想法和创意，这让她觉得生活每天都不同，都很有意思。现在她主要从事的是专业的烘焙教学工作和蛋糕、韩式裱花、甜品台等的生产工作。

Peng xiang ru

Baking Experience

2000 年　拜师烘焙大师姜台宾

2001 年　香港百事利贸易公司设计开发部

2002 年　广州百事利贸易公司设计开发部

2007 年　北京凯丝恩贝公司

2008 年　台湾 DIY 教室

2014 年　东莞第一麦方烘焙连锁

2015 年　成都第一麦方烘焙连锁

2016 年　美国加州核桃面包比赛获得铜牌

2016 年　莱儿宝克世界国花翻糖比赛获得最佳创意奖

2017 年　美国“加州开心果 & 西梅烘焙达人”大赛获得冠军

2017 年　“焙易创客”杯中国月饼精英技能大赛冠军

这款产品的变化可以是非常多样化的，就算所用的是同一种糖浆，都可以呈现出不同的效果、造就不同的氛围。内部原料的不同也会给人以不一样的感觉，如玫瑰花，会给人一种梦幻的感觉；卡通图案的糯米纸，就会比较可爱。

水晶棒棒糖

Shui jing bang bang tang

扫一扫看视频

材料

珊瑚糖 150 克
纯净水 12 克
食用油 适量
各种可食用装饰材料

* 每份配方 12 个成品

1. 材料的准备

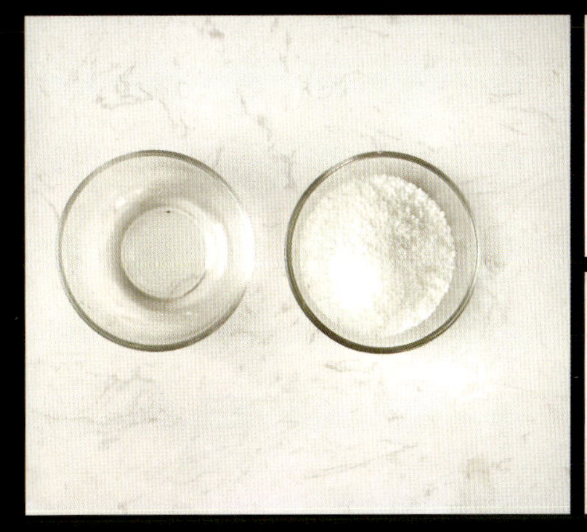

2. 成品的制作

① 给模具上抹上一层食用油，待用。

② 将珊瑚糖倒入奶锅中，加水，煮至珊瑚糖融化，并到达 160℃后离火，静置一会儿，等泡泡变小、消失。

③ 将糖浆倒入模具每格的一半，放入装饰品，再倒入糖浆到模具的九分满，放入纸棍，倒入剩余的糖浆封住纸棍。（备注：除最后一次，每次倒入糖浆后可稍微震一下模具，使糖浆分布均匀，排出气泡）

④ 静置冷却，表面擦一层油后可脱模。（备注：棒棒糖表面上如果有气泡，可用火枪稍微烧一下，使气泡变小、消失）

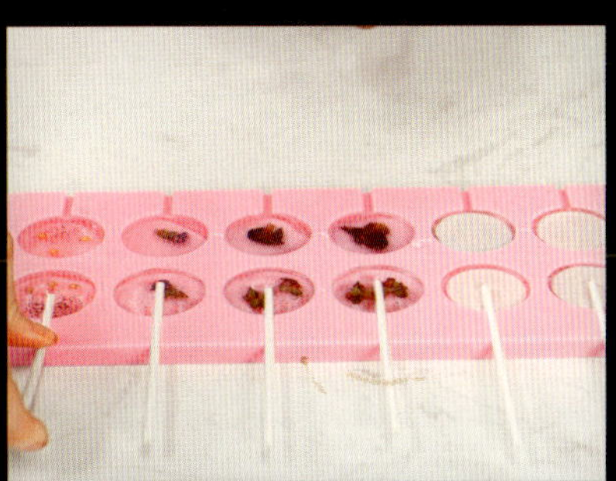

运用了韩式裱花法，将它拟真成为一个花束的样子，这在平常的蛋糕造型上是比较少见的，使这款蛋糕立体化了。其中的花是用白豆沙做的，其口味不腻，塑形效果也好，在不潮湿的条件下可以久放，既可食用又可作为艺术品观赏。

花束蛋糕

Hua shu dan gao

扫一扫看视频

材料

A. 米皮

- 全蛋液 1000 克
- 砂糖 380 克
- 低筋面粉 450 克
- 蛋糕油 45 克
- 牛奶 100 克
- 色拉油 150 克

B. 海绵蛋糕

- 大米粉 400 克
- 糖粉 30 克
- 水 90 克
- 食用油 30 克

C. 装饰

白豆沙馅料 适量

* 每份配方 1 个成品

1. 材料的准备

2. 米皮的制作

❶ 将糖粉倒入大米粉中搅拌均匀，加水拌匀，再倒入食用油，揉至成团。

② 盘上铺一层保鲜膜，放入步骤 1 中的面团，再用保鲜膜把面团包起来，防止蒸面团时有水蒸气进去。

③ 蒸锅加水，煮开后将面团放入蒸锅中，盖上盖子，蒸 25 分钟。

3. 海绵蛋糕的制作

❶ 将全蛋液和砂糖一起倒入机筒内，搅拌至化糖。

❷ 再放入蛋糕油打发后，加入牛奶、色拉油，搅拌均匀，加入过筛后的低筋面粉，搅拌均匀即可。

❸ 将蛋糕糊倒入 8 寸的模具内，稍微震动，排除气泡，放在烤盘上再放入烤箱烘烤，烤箱温度为上火 170℃、下火 150℃，烤 30 分钟即可。

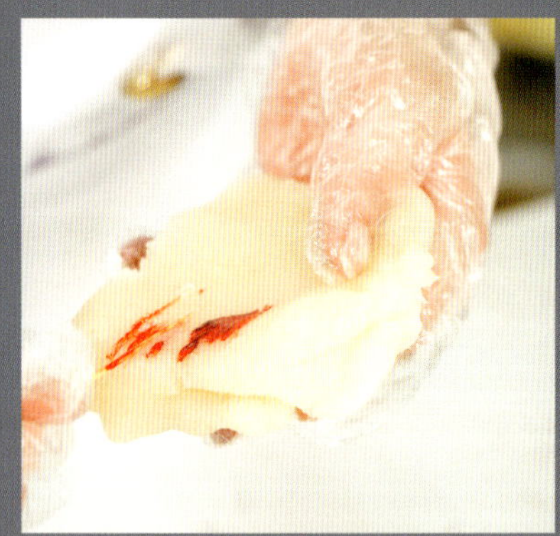

4. 成品的制作

① 取出蒸好的米皮，继续揉均匀，分三段，一多两少，较多的那份米皮加绿色色素，较少的米皮取一份加粉色色素，揉匀。

（备注：趁热揉会比较好揉，如果太烫了可以戴麻质手套揉）

② 先取绿色米皮，将它揉成锥状，再从面宽的那边，大拇指往下压慢慢地揉成碗状；剩余的部分摘掉，一部分揉成长条，切小段，接在碗状底部，捏紧，一部分擀平，切平整，包住长条连接处。

（备注：趁热做的时候它是有黏性的，稍微捏一下就会捏紧）

③ 将烤好的海绵蛋糕取出，切小块，放在碗状的中间。

④ 取适量白豆沙馅料，加绿色色素，混合均匀，涂抹在步骤 3 的成品上。

⑤ 将剩余的白豆沙馅料分别用色素调色后制成豆沙花，放在步骤 4 的成品上。

⑥ 将粉色米皮、白色米皮擀成薄皮，包裹在花束外，先包裹一层白色米皮，再包裹一层粉色米皮，做成包装纸的效果，再用剪刀稍微修整一下即成。

TIPS

花束若仍有白色部分，可继续用调色后的白豆沙馅做补充。

朱道升

现任多家饼店的行政总厨
荣获 2016 年第三届“中国烘焙大师”称号

至今已有十余年烘焙经验的朱道升老师是从大学毕业之后进入烘焙行业的，师从一位严格的台湾烘焙师傅，从学徒开始做起，一学就是近 4 年的时间。

朱老师说在学习期间使他最难忘的事是刚开始学习烘焙的时候，有一次，一个爸爸抱着一个孩子来找我说：“这个孩子是过敏体质，吃含有鸡蛋的食物就会过敏，看别的孩子吃蛋糕、面包又馋！有没有不含有鸡蛋的面包？”我答应给他们专门定做了不含有鸡蛋的面包，到现在我还清楚地记着第二天那孩子吃着面包的笑脸！

这么多年过去了，不是没有迷茫过，也想过自己是否适合这一行，但都咬着牙坚持了下来。朱老师说：“只要相信自己，始终朝着目标不懈地努力，功夫不负有心人。”2016 年他荣获了“中国烘焙大师”的荣誉称号，现任多家饼店的行政总厨。

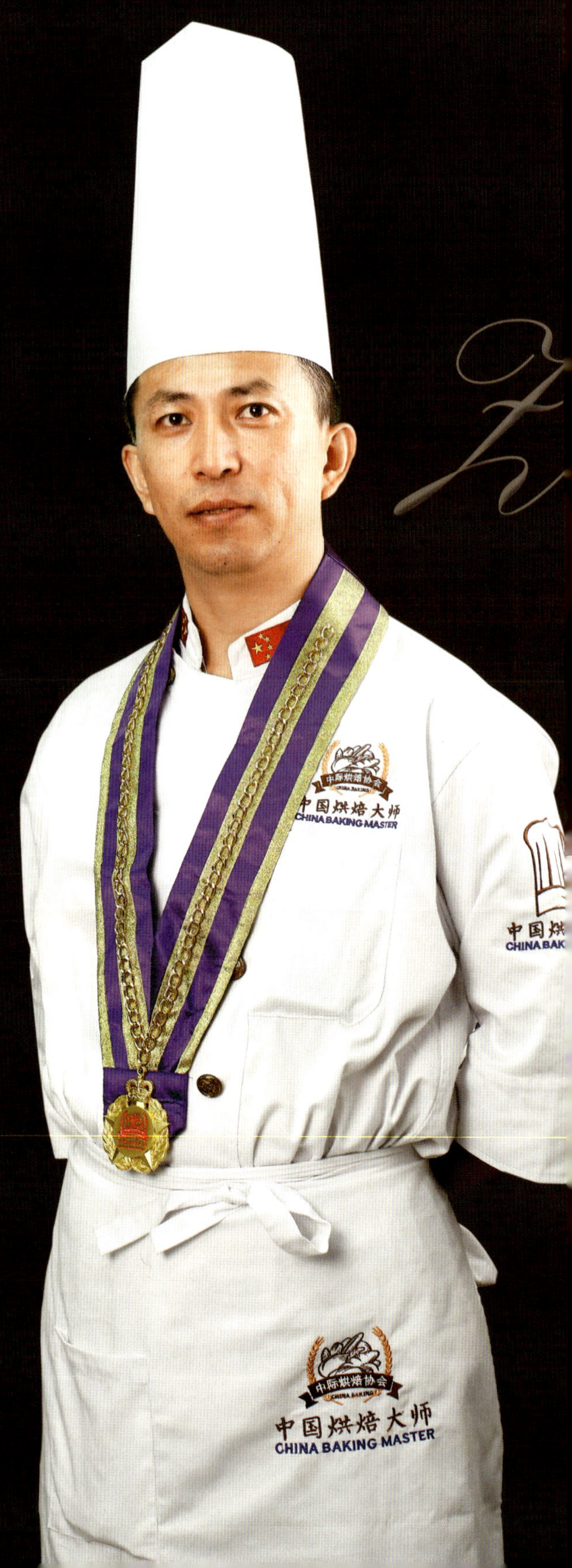

Baking Experience

2006~2010 年 哈尔滨好又多十字街店面包课
2010~2011 年 哈尔滨秋林食品
2011~2014 年 哈尔滨天天左岸面包连锁店
2014~2015 年 香港圣安娜饼屋深圳厂
2015 年至今 深圳市叁陆零私房西点有限公司
2017 年 6 月 接手主营瑞麦面包店

u dao sheng

创作理念

朱道升老师的烘焙产品，其灵感主要来源于健康和营养两个方面。他不太建议使用香精、色素、添加剂之类，而是尽量做一些养生类的，或者是以新鲜水果为原料的产品。朱道升老师说虽然这样做出的成品味道可能没有加了香精的那么好，颜色也许不及加了色素的那么漂亮，但能够放心地拿给家人、朋友吃，“吃得健康”是朱道升老师的创作理念。

巧克力慕斯的丝滑包裹着核桃与焦糖的香醇，它们的香醇可以中和可可脂的苦涩。核桃本身做熟之后会有一点苦涩，因此加入了焦糖，焦糖的甜和香味可以中和核桃的苦涩，这样一来整个产品会给人们呈现出甘甜的香味，快来尝尝吧！

焦糖核桃巧克力慕斯

Jiao tang he tao qiao ke li mu si

扫一扫看视频

材料

A. 饼底

- 全蛋液 185 克
- 核桃泥 120 克
- 糖粉 70 克
- 低筋面粉 40 克
- 蛋白液 100 克
- 细砂糖 50 克

B. 慕斯

- 55% 可可脂巧克力 100 克
- 牛奶 80 克
- 蛋黄液 35 克
- 细砂糖 20 克
- 淡奶油 120 克
- 吉利丁片 4 克

C. 焦糖核桃

- 淡奶油 50 克
- 白砂糖 50 克
- 烤熟核桃 100 克

1. 材料的准备

2. 饼底的制作

① 将糖粉、低筋面粉、全蛋液、核桃泥依次倒入干净的容器碗中，打发至面团叠落。

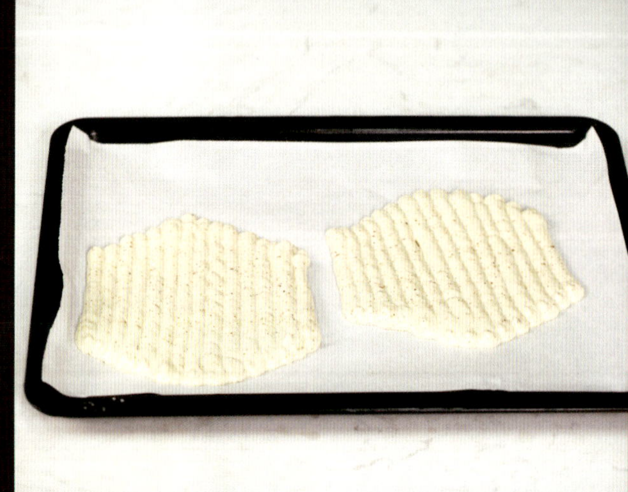

② 将蛋白液、细砂糖放入另一干净的容器中打发成蛋白糊，先取三分之一的蛋白糊倒入步骤 1 的混合物中拌匀，再倒入剩余的蛋白糊中，搅拌均匀后装入裱花袋中。

③ 取干净的烤盘，铺上一层烘焙纸，将步骤 1 与步骤 2 的混合物铺在烤盘上。

④ 烤箱预热，温度为 170℃ ~180℃，将烤盘放入烤箱，烘烤 15 分钟，期间转盘 1 次，烤成饼底。

3. 慕斯的制作

① 先将吉利丁片用冰水泡软，泡软的吉利丁片直接隔水加热，待其融化。

② 将巧克力隔水加热，待其融化后再缓缓倒入牛奶，搅拌均匀。

③ 将蛋黄液、细砂糖隔水加热，待其煮至黏稠后和步骤 2 的巧克力牛奶搅拌均匀。

④ 将步骤 1 中融化的吉利丁片倒入步骤 3 的混合物中，搅拌均匀后，过滤。

⑤ 将淡奶油打发，取三分之一打发好的奶油倒入步骤 4 的混合物中拌匀，再倒入剩余的打发好的奶油中，搅拌均匀，过滤即可。

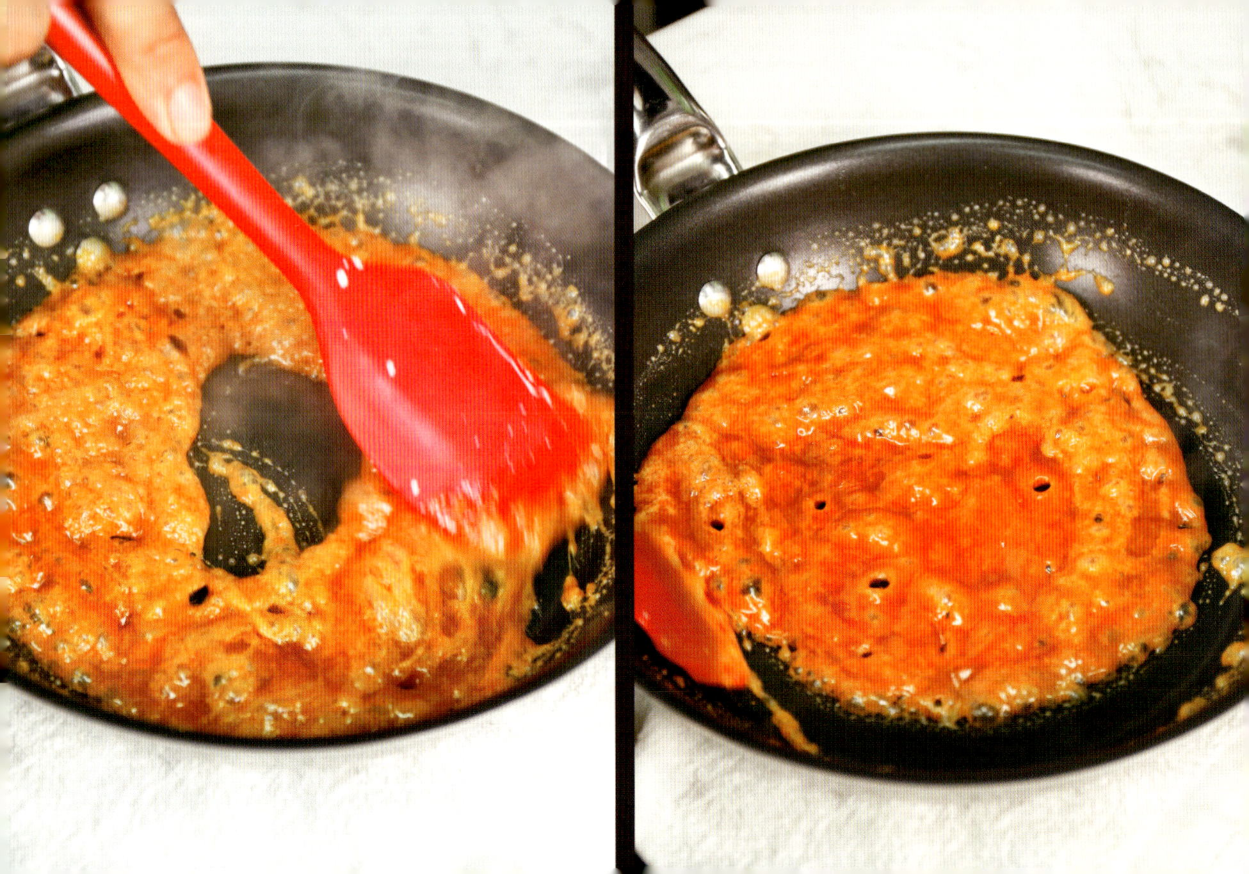

5. 成品的制作

❶ 取出制作好的饼底，用慕斯模具按压，固定好。

❷ 将制作好的慕斯糊缓缓倒入饼底上，铺平，急冻 30 分钟。

❸ 取出慕斯饼底，放入核桃馅料，然后放入剩下的慕斯糊，铺平，冷冻 3 小时后脱模即成。

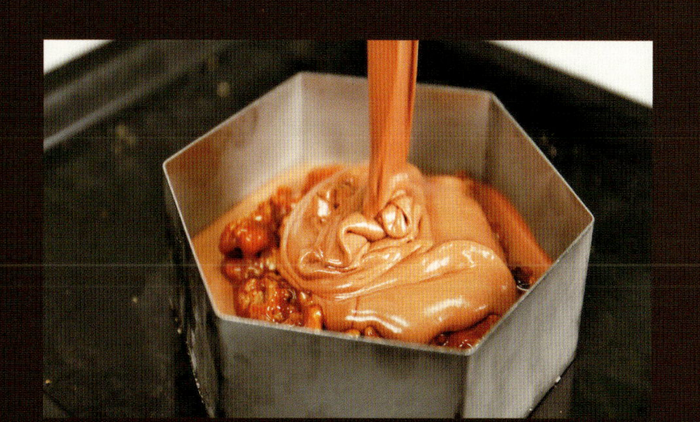

这款甜品既有西方的浪漫，又融入了中国古文化的精髓。冰晶泡沫中融入了细嫩纤软的松花茶，因而变得更有质感，成熟蜂蜜的清甜由零度缓慢释放，为冰淇淋的味道增添层次。

派堡淋至尊冰淇淋

Pai bao lin zhi zun bing qi lin

扫一扫看视频

材料

A. 冰淇淋

牛奶 100 克
蛋黄液 70 克
细砂糖 50 克
成熟蜂蜜 35 克
食盐 1 克
白醋 1 克
淡奶油 400 克
上古仙松花茶 10 克

B. 焦糖酱

淡奶油 50 克
细砂糖 50 克
（此配方用量制作出来的焦糖酱分量会大于所需要的，用剩下的可以放于冰箱中保存起来下次使用）

* 每份配方 6 个成品

1. 材料的准备

2. 冰淇淋的制作

❶ 取一干净的容器碗，将白醋、食盐、细砂糖、蛋黄液、成熟蜂蜜依次倒入，搅拌均匀，隔水加热。

❷ 将牛奶倒入锅中加热，然后倒入步骤 1 中混合均匀后，再倒入锅中继续加热至煮沸，过筛。

❸ 步骤 2 中过筛后的混合物放置凉透后筛入上古仙松花茶，搅拌均匀。

❹ 将淡奶油打发至五成，取三分之一打发好的奶油倒入步骤 3 的混合物中拌匀，再倒入剩余的打发好的奶油中，搅拌均匀。将混合物装入裱花袋中，再挤入慕斯杯中，冷冻 2 小时。

3. 焦糖酱的制作

❶ 将白砂糖分三次撒入平底锅中，用小火烘烤至白砂糖融化。

（备注：烘烤过程中不需要搅拌，待融成糖浆后开始搅拌）

❷ 再加入淡奶油，搅匀。

（备注：如果淡奶油从冰箱中取出，则需要水浴加热至微热后再加入，常温淡奶油可以直接使用）

❸ 离火，待焦糖酱放凉后装入裱花袋里，待用。

（备注：可以在离火后的平底锅下垫湿毛巾，这样有助于平底锅温度下降，便于制作焦糖酱）

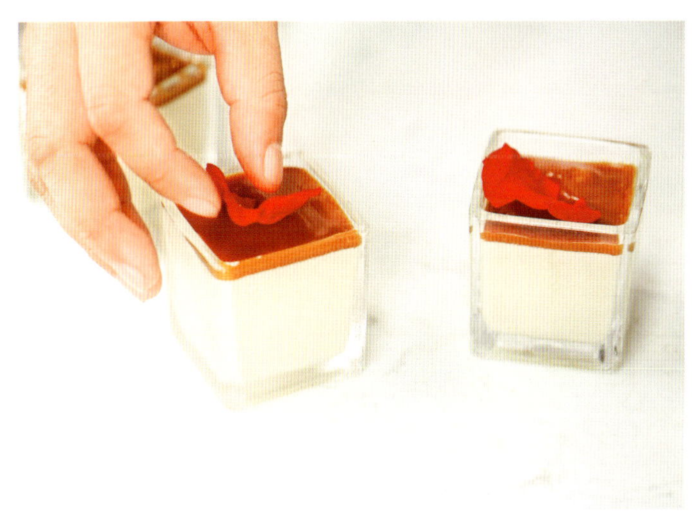

4. 成品的制作

取出冷冻好的慕斯杯，挤出焦糖酱，可用洗净的玫瑰花瓣做表面装饰。

这个甜品曾在比赛中夺得金奖，故朱老师对此制品情有独钟，因为从获得灵感，进行构思和创作过程都不太困难，只花了很短的时间便做好准备和完成，效果很好。

百香芝恋

Bai xiang zhi lian

扫一扫看视频

材料

A. 饼底

- 奥利奥饼干 60 克
- 黑巧克力 30 克
- 黄油 30 克

B. 慕斯

- 奶油奶酪 350 克
- 白砂糖 100 克
- 吉利丁片 5 克
- 百香果 85 克
- 白砂糖 10 克
- 淡奶油 150 克

1. 材料的准备

2. 饼底的制作

❶ 将奥利奥饼干压碎备用。

❷ 将黑巧克力隔水加热，待其融化后，加入黄油，搅拌均匀至完全融化。

❸ 将过筛后的奥利奥饼干，与步骤 2 中已融化的黑巧克力和黄油搅拌均匀，倒入模具压平压实放入冷藏备用。

3. 慕斯的制作

❶ 将奶油奶酪隔水加热搅拌至顺滑，待用。

❷ 将百香果洗净后取果肉，加入 100 克的白砂糖，加热搅拌至砂糖融化。

❸ 百香果过筛，使百香果汁与步骤 1 中的混合物混合均匀。

❹ 将吉利丁片用冰水泡软，然后隔水加热至其融化，与步骤 1 中的奶油奶酪混合均匀，过筛。

❺ 将淡奶油加 10 克白砂糖打发至九分，取三分之一打发好的奶油倒入步骤 4 的混合物中拌匀，再倒入剩余的打发好的奶油中，搅拌均匀即成慕斯。

② 冷冻后取出，将剩余的奥利奥饼干粉末筛入表面，静置一会儿后，脱模即可。可用洗净的薄荷叶做表面装饰。

蔡诗令

创立自己的烘焙品牌“麦得福”
荣获 2009 年全国烘焙比赛金奖
荣获 2016 年第三届“中国烘焙大师”称号

初中毕业后，蔡诗令老师就辍学出来工作，17 岁时踏入烘焙行业，当时在安德鲁森（一家烘焙企业）从基本的刷锅洗锅做起，一个月的工资才 480 元，通过努力做到了厂长，在那儿一做就是 11 年。后来又辗转了几家公司，也尝试过创业，直到 2016 年决定放弃上万多的月薪坚持回到家乡厦门灌口镇创立自己的烘焙品牌“麦得福”。

他追求以幸福为主题的烘焙心得，希望顾客在享用他的产品时感受到幸福。“只要看到他们吃着我亲手做出来的产品，露出幸福的笑容，我一切都满足了”，蔡老师如是说。未来他希望成为厦门本地烘焙行业的领头人，“我拥有这个自信和实力，也期待市场给我这样的一个机遇”。

Baking Experience

17 岁　于“安德鲁森”做一名学徒工
担任厦门音乐厨房焙客 100 生产运营经理
闽中酒店西饼房行政总厨
华南技术学院烘焙讲师
三明麦乐仕生产总监兼营销总监
鼓浪屿馅饼担任技术部部长
安娜妈妈品牌顾问
2016 年 创立自己的烘焙品牌“麦得福”

ai shi ling

创作理念

坚持只用好的、健康的食材和配方，杜绝一切不健康的，如坚持不加奶香粉、柔软剂等添加剂。蔡诗令老师自己的品牌“麦得福”中的“麦”就是指烘焙，“得福”指得到快乐与幸福，“梦想把大自然食材融入烘焙”是蔡老师对他的产品的期望，使用天然的食材融入烘焙，既能增强营养价值，色泽也很美。例如加入了胡萝卜汁的蛋糕坯，经过检测得出，其营养价值远远高出了三倍，也给产品增添了胡萝卜的香味，另外，所呈现出来的色泽是淡黄色的，给人很喜悦的感觉。蔡老师说现在在中国，烘焙环境的改造提升和不断地进行创新是做得比较好的，许多年轻人也在积极地投入到烘焙行业中来，不过在匠心的坚持这方面还需要加强，其中包括对于高品质的坚持。

这款吐司采用天然无添加的原材料制作而成，既美味又健康。面团里融入了纯天然的胡萝卜汁，胡萝卜含有多种维生素及胡萝卜素。蔓越莓的营养也很丰富，对人体健康有诸多益处。

蔓越莓手撕吐司

Man yue mei shou si tu si

扫一扫看视频

材料

A. 面团

- 高筋面粉 1000 克
- 糖 120 克
- 酵母 10 克
- 改良剂 5 克
- 奶粉 100 克
- 冰水 300 克
- 胡萝卜汁 200 克
- 全蛋液 100 克
- 黄油 100 克
- 食盐 15 克

B. 馅料

- 蔓越莓干 600 克
- 朗姆酒 15 克

（可以提前两个小时做好备用）

1. 材料的准备

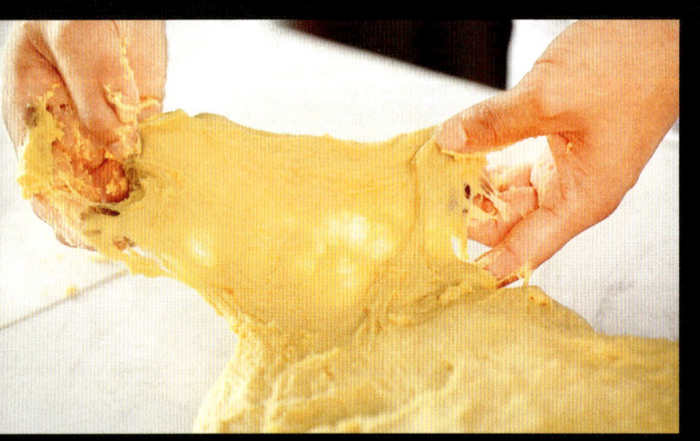

② 用保鲜膜将面团包好，松弛 40 分钟。

③ 将面团取出，分割成每个面团 250 克，搓圆松弛 20 分钟。

3. 馅料的制作

4. 成品的制作

① 将醒发好的面团用擀面棍擀开，每个面团都匀匀地撒上 50 克蔓越莓干，然后卷成长条状，放入模具发酵。

② 取出发酵好的面团，在其表面刷上全蛋液，装饰上杏仁片。

③ 将烤箱预热，上火 150℃、下火 225℃，放入烤箱内，烘烤 25 分钟后取出即可。

一般面包吃起来容易感觉干、难以下咽，这款产品的面团以特别的配方调制而成，表面非常柔软，淡奶油的成分使得面包心冰凉爽口。外软内冰的口感，在炎热的夏天，给大家带来一份清凉。

酸奶冰心面包

Suan nai bing xin mian bao

扫一扫看视频

材料

A. 面团

- 高筋面粉 1000 克
- 酵母 12 克
- 改良剂 3 克
- 汤种粉（科麦牌）25 克
- 冰水 560 克
- 细糖 80 克
- 全蛋液 75 克
- 黄油 120 克
- 食盐 12 克

B. 馅料

- 牛奶 150 克
- 酸奶 150 克
- 卡仕达粉 130 克
- 淡奶油 450 克
- 糖 40 克

C. 表面装饰

- 高筋面粉 200 克
- 奶粉 100 克

* 每份配方 60 个成品。

1. 材料的准备

2. 面团的制作

① 将高筋面粉倒入案台上，用刮板开窝后倒入全蛋液、酵母、改良剂、汤种粉、冰水、细糖、食盐混合，用手揉搓成面团，再放入黄油，揉成七成。

❷ 用保鲜膜将面团包好，松弛 40 分钟。

❸ 取出面团，分割成每个面团 35 克，搓圆松弛 10 分钟。

❹ 再次搓圆成型，放入烤盘发酵。

3. 馅料的制作

① 将淡奶油加糖，先慢速打发至化糖，再快速打发至九成。

② 取一干净的容器碗，依次倒入牛奶、酸奶，搅拌均匀，再倒入卡仕达粉，搅拌均匀。

③ 将步骤 1 中的混合物倒入步骤 2 中，搅拌均匀，即成酸奶冰心馅，冷藏。

4. 装饰粉的制作

取一干净的碗，将高筋面粉和奶粉混合均匀，待用。

5. 成品的制作

❶ 将发酵好的面团取出，在面团表面均匀地筛入装饰粉，每个约需 2 克混合的装饰粉。

❷ 将烤箱预热，上火 198℃ 、下火 180℃，放入烤盘，烘烤 8 分钟。

❸ 将冷藏的酸奶冰心馅取出装入裱花袋中，待用。

❹ 取出，待其冷却后，用剪刀在面团底部剪一个小口，挤入 25 克酸奶冰心馅即可。

榴莲初尝似有异味，续食清凉甜蜜，回味甚佳，故有“流连忘返”的美誉，是很多人喜欢的水果。这是现在非常受欢迎的一款甜点，销量惊人，一个店铺一天便能卖出400~500个，足以可见它的美味。

爆浆榴莲

Bao jiang liu lian

扫一扫看视频

材料

A. 芝士蛋糕底

牛奶 340 克
黄油 340 克
奶油奶酪 425 克
芝士片 17 片
低筋面粉 255 克
淀粉 170 克
蛋黄液 765 克
蛋白液 1105 克
盐 8 克
塔塔粉 8 克
细糖 765 克

B. 馅料

a 夹心奶油馅
淡奶油 300 克
糖 27 克

b 榴莲馅
榴莲 140 克

C. 表面装饰

白巧克力丝 100 克

* 每份配方 4 个成品

1. 材料的准备

2. 芝士蛋糕底的制作

① 取一干净的容器碗，将奶油奶酪、芝士片、黄油、牛奶依次放入碗中，隔水加热融化，并搅拌均匀。

② 将过筛后的低筋面粉、淀粉加入步骤 1 中的混合物中，搅拌至无粉状。

③ 将蛋黄液加入步骤 2 中的混合物中，搅拌至无颗粒状，即成蛋黄糊。

④ 将蛋白液、细糖、塔塔粉、盐倒入料理机中，打发至 7 成，即成蛋白糊。

⑤ 先往蛋黄糊中倒入三分之一的蛋白糊，翻拌均匀，再全部倒入剩余的蛋白糊中，翻拌均匀后倒入铺好烘焙纸的烤盘中，稍稍震动铺平。

① 将饼底第一次烘烤，烤箱温度设置为上火 190℃ 、下火 150℃，烘烤 150 分钟。第二次烘烤，烤箱温度设置为上火 150℃ 、下火 150℃，烘烤 42 分钟。

② 取出，待蛋糕冷却后切 15×15 厘米大小的蛋糕，即每个 6 寸。

③ 将蛋糕横着平切为三部分，按“一层蛋糕＋一层夹心奶油＋ 70 克榴莲馅＋一层蛋糕＋一层夹心奶油＋ 70 克榴莲馅”制作爆浆榴莲蛋糕，最外面再抹上一层夹心奶油，撒上 100 克白巧克力丝即成。

陈国群

荣获 2015 年第二届“中国烘焙大师”称号
荣获中际烘焙协会产品创意奖
现任成都莱普敦商贸有限公司总经理

陈国群老师早先是从事服务行业，后来认识了中国烘焙行业泰斗级大师姜台宾先生，与姜老师的交流和沟通激发了她对这个行业浓厚的兴趣，也产生了想要改变自己、学点自己觉得有意义的事情的想法，便开始尝试做烘焙。

学烘焙的第一年觉得很辛苦，还没有真正找到进入这个行业的乐趣。第二年，她才慢慢地开始喜欢，有时候还会根据师傅平时所教的，再发挥一些自己的创意，做出自己的产品，因此陈老师越发地喜爱上了烘焙行业。

提起印象深刻的烘焙趣事，陈老师回忆起她第一次独立创作作品的经历。一次在电视上看到姜饼屋后，她想要自己做出来，便上网、找书查阅相关的资料，作品完成后，觉得特别有成就感，并且得到了师傅很好的评价，这也增加了她继续前进的信心。

至今，陈老师已经坚持在烘焙这条路上走了 20 多年，依旧心怀热忱，今后会继续走下去。

Baking Experience

1998 年 拜师国宝级大师姜台宾门下
2000~2001 年 昆山烘焙学院学习，获得烘焙高级证书
2001~2004 年 北京麦生食品有限公司（凯丝恩贝），从西点主管一直升为研发经理职位
2005~2006 年 上海瑞迪康食品有限公司（欧贝拉），任生产经理
2007~2011 年 广州新甜主义食品有限公司，任生产运营总监
2011~2013 年 广州皇威食品有限公司（烘焙园丁），任生产总监
2014~2015 年 东莞麦方食品有限公司（第一麦方），任生产总监；获中国烘焙食品工业协会颁发的“中国烘焙大师”称号
2016 年 成都莱普敦商贸有限公司任生产总监并获得中际协会颁发年度产品创意奖
现任成都莱普敦商贸有限公司总经理

en guo qun

创作理念

陈国群老师每年都会去国外旅行，一是放松自己，二是考察国外烘焙行业的情况，慢慢地也找到了一些规律，国外的烘焙业正朝着精细化方向发展，90 年代的产品又开始重返市场。她想将传统的产品与当下的元素相结合，推广给更多的人，希望更多人能把产品做得更加精致。

她还提到，这几年国内烘焙行业发展迅猛，但也还是要学习借鉴国外烘焙业一些好的方面，寻找灵感，把我们传统的东西发扬光大。看到国外好的创作灵感，可以想一下如何将我们自己的想法融入进去，创造出更好的产品在中国推广。

巧克力泡芙属于法国传统庆典的甜点，经过现代潮流的改变成为法国深夜甜点，简称诺曼地系列甜点。要将它制作得好的话，也还是需要下一番功夫的。在进行产品创意时，想到单纯的泡芙吃起来口感会有一些单调，所以将法式甜点与其搭配，就会有不一样的感觉。

巧克力泡芙塔

Qiao ke li pao fu ta

扫一扫看视频

材料

A. 泡芙面糊

- 牛奶 50 克
- 奶油 50 克
- 盐 3 克
- 白砂糖 0.5 克
- 面包粉 25 克
- 蛋糕粉 25 克
- 全蛋液 125 克

B. 塔皮

- 奶油 80 克
- 白砂糖 40 克
- 蛋白液 20 克
- 可可粉 15 克
- 蛋糕粉 110 克

C. 内馅

- 巧克力饼底 80 克
- 全蛋液 55 克
- 转化糖 20 克
- 新西兰蜂蜜 10 克
- 泡打粉 0.5 克
- 巧克力豆 30 克

* 每份配方 5 个成品

1. 材料的准备

D. 巧克力馅

- 苦甜巧克力 150 克
- 淡奶油 100 克

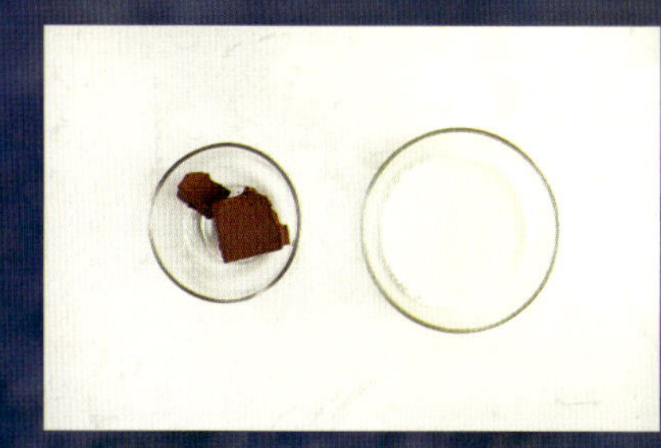

E. 表面装饰

- 打发乳脂鲜奶油 60 克
- 草莓 3 颗

2. 泡芙面糊的制作

❶ 将牛奶、盐、奶油、白砂糖倒入准备的锅中小火加热，待混合成液体充分地沸腾后离火，倒入面包粉、蛋糕粉继续搅拌均匀，再放火上煮掉多余的水分后离火。

❷ 将步骤 1 中的混合物先搅拌至 70℃左右开始分次加入全蛋液，搅拌至全蛋液被面糊完全吸收，捞起成倒三角状，有光泽即可。

❸ 将步骤 2 的混合物放入裱花袋里，挤入不粘烤盘或耐烤布上，每个圆形约 5 克。

（备注：下一步骤放入烤炉烘烤，入炉前需喷水）

❹ 烤炉提前设定好炉温，温度为上火 200℃、下火 120℃烤约 15 分钟，再将上火降至 170℃后烤 13 分钟，即可出炉。

3. 塔皮的制作

① 将奶油、白砂糖放入一干净的容器内搅拌均匀，加入蛋白液继续搅拌，再加入过筛后的可可粉、蛋糕粉，混合后搅拌均匀，揉成面团，取出面团用保鲜膜包好放入冷藏室松弛 10 分钟。

② 将松弛后的面团取出，分割成每个 30 克的小面团，然后依次放入模具内，从中间开始均匀捏到模具边缘，将多余部分用刮刀刮平后备用。

4. 内馅的制作

① 将巧克力饼底、全蛋液、软化糖、新西兰蜂蜜、泡打粉依次放入一干净的容器内，用均质机均至光滑，装入裱花袋中，备用。

5. 巧克力馅的制作

将苦甜巧克力放入装有淡奶油的容器中混合，隔水融化即成巧克力馅，取部分装入裱花袋中，备用。

6. 成品的制作

① 将巧克力豆放入制好的塔皮上，每个塔皮约 5 克巧克力豆，再挤入 20 克内馅，放入风炉中烘烤，温度为 195℃，烘烤约 10 分钟即可出炉，冷却，备用。

② 将巧克力馅挤入步骤 1 的塔皮表面后放入冷藏室，约 15 分钟后取出。

③ 将泡芙底部切一刀，先在底部挤入巧克力馅，其表面沾上巧克力馅后放在步骤 2 的塔皮表面上，每个塔皮上放三个泡芙。

④ 将打发的乳脂鲜奶油装入裱花袋里，用贝壳花嘴将奶油分别挤在三个泡芙链接处即成。

⑤ 草莓洗净后，切半做表面装饰即可。

苹果魔方借鉴欧式祖母蛋糕的做法，使其口感丰富，其实派也是蛋糕的元素，目前亚洲人对派的接受度还没那么强，所以结合了现在较流行的元素，比如用了红丝绒粉做底，中间是传统的派，表面再加了些奶油味较重的皮，外表看起来虽然粗糙，但口感丰富，也比较符合亚洲人的口味。

苹果魔方

Ping guo mo fang

扫一扫看视频

材料

A. 底部

- 红丝绒粉 60 克
- 高筋面粉 20 克
- 奶油 20 克
- 食盐适量
- 水 4 克

B. 馅料

- 苹果 125 克
- 柠檬皮 2 克
- 肉桂粉 0.5 克
- 麸皮（烤熟）60 克
- 燕麦 40 克
- 杏仁片（烤熟）30 克
- 新西兰蜂蜜 40 克
- 淡奶油 60 克
- 柠檬汁 6 克

C. 表皮

- 芝士 50 克
- 黄油 30 克
- 朗姆葡萄干 30 克
- 蛋黄液 20 克

* 每份配方 6 个成品

1. 材料的准备

D. 表面装饰

- 蓝莓 适量
- 防潮糖粉 适量

2. 底部的制作

❶ 将红丝绒粉、高筋面粉、奶油、食盐、水依次放入一干净的容器内，混合后拌匀成面团。

❷ 将面团放入冷藏室松弛 20 分钟，备用。

3. 馅料的制作

❶ 将苹果去皮、一分四去核后放入盐水中浸泡 10 分钟。

❷ 将苹果取出切片，放入一干净的容器内加入柠檬汁，拌匀。

❸ 将蜂蜜、淡奶油、柠檬皮、肉桂粉、麸皮、燕麦、杏仁片倒入步骤 2 中的苹果片里，混合搅拌均匀后即成馅料。

4. 表皮的制作

将黄油、芝士、蛋黄液、朗姆葡萄干放入一干净的容器内，用均质机均至无颗粒状，装入裱花袋中，备用。

5. 成品的制作

❶ 将底部面团取出，用擀面杖擀成 3 毫米厚度的面底，再用 5×5 厘米模具压扣，取出放入烤盘上，连同模具一起放。

❷ 将制好的馅料放入步骤 1 中的模具内，铺平，放入风炉中进行烘烤，风炉烘烤温度为 195℃，烤约 10 分钟。

❸ 取出步骤 2 的成品，挤入表皮面糊，再次放入风炉中烘烤，风炉烘烤温度为 195℃，烤约 10 分钟。

❹ 烤好后取出，待冷却后进行脱模，对角撒上防潮糖粉，再装饰一颗蓝莓即成。

易际光

荣获 2016 年第三届“中国烘焙大师”称号
中际烘焙协会理事
2016 年美国“加州开心果 & 西梅烘焙达人”大赛最佳口感奖
2017 年美国加州核桃烘焙大师创意大赛全国总决赛面包组金奖

Yi jiguang

易际光老师说：“每位烘焙职业人对面包都有着不同的情感追求，烘焙它不仅仅只是一门艺术，更多的是一种坚持。”

想起这些年走过的烘焙之路，易老师感慨万千。易老师是南方人，小时候家里条件不是很好，能吃上一个蛋糕真的是件很幸福的事情，初中毕业后经过别人的介绍，拜师一名烘焙大师，也是易老师的烘焙启蒙老师，尔后，他便开始跟着这位启蒙老师走南闯北。易老师说他印象中特别深刻的是他的老师从南方背着一台老式的电热丝烤炉去东北创业，坐了好几天的火车才到东北。在过去，烘焙行业在全国都还是一个不怎么起眼的行业，起步很艰辛，但易老师热爱这个行业，并愿意为之奋斗。

2013~2014 年 温州必成食品加盟店烘焙师
2015~2016 年 台州缇客食品有限公司技术主管
2016~2017 年 温州响叮当食品有限公司技术总监兼厂长
2016 年至今 台州宝泽楼食品有限公司技术顾问
2017 年至今 杭州元麦山居食品有限公司技术总监

创作理念

这是一款起酥面点，起酥面包的特点是外皮酥脆、内心绵软、层次分明，烘烤温度较高、时间较短，烤后外表颜色略深，具有焦香风味。内馅加了焦糖风味核桃、奶油乳酪，更突出了这款起酥面包的特点。

焦糖核桃

Jiao tang he tao

扫一扫看视频

材料

A. 面团

- 法国粉 T55 500 克
- 幼砂糖 50 克
- 干酵母 20 克
- 水 245 克
- 麦芽精 5 克
- 法国老面 50 克
- 奶粉 15 克
- 黄油 25 克
- 盐 9 克

B. 起酥

无盐黄油片 250 克

C. 乳酪

- 乳酪 230 克
- 糖粉 135 克
- 蛋白液 100 克
  （备注：留 10 克用于成品制作）
- 低筋面粉 60 克
- 淡奶油 87.5 克
- 柠檬汁 7.5 克
- 纯牛奶 32.5 克
- 君度酒 2.5 克

D. 焦糖核桃

- 麦芽糖 51 克
- 盐 2.5 克
- 幼砂糖 76 克
- 淡奶油 86 克
- 黄油 32.5 克
- 核桃 150 克

E. 表面装饰

开心果 适量

1. 材料的准备

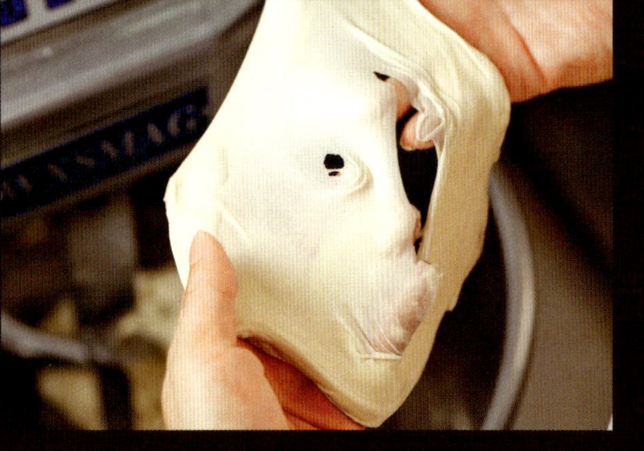

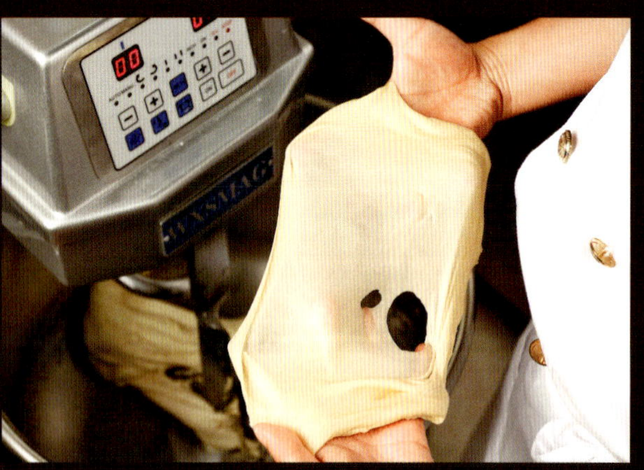

2. 面团的制作

① 将麦芽精与水混合备用。

② 将法国粉 T55、酵母、奶粉、幼砂糖等干性材料倒入打料缸中，搅拌均匀。

③ 将步骤 1 的混合物倒入打料缸中，搅拌均匀。

④ 加入法国老面，静置 15 分钟水解，慢速搅拌 5 分钟，面团拉开，薄膜呈撕裂状。

（备注：法国老面需一小块一小块慢慢加入）

⑤ 加入黄油和盐，慢速搅拌 2 分钟，面团拉开薄膜光滑即可。

⑥ 面团搅拌完成，温度为 24℃，将面团用保鲜膜包住，基础发酵 30 分钟，再于 0~5℃冷藏室 12 小时。

（备注：搅拌、分割、基础醒发要求室温控制在 26℃）

3. 起酥的制作

① 将面团擀成长 60 厘米、宽 40 厘米的方块，黄油片擀成长 40 厘米、宽 30 厘米的方块。

（备注：面团不宜太软，黄油片不宜太硬，温度控制在 20℃左右。两者软硬控制不当在擀压过程中会造成颗粒状或擀压不均匀）

② 将黄油放在面团的正中间，由上往下折过来，再由下往上折过去，包住黄油。

③ 将包好黄油片的面团两端割口，排出气泡。

④ 将面皮 4 折 1 次，由右向左折至 2/3 处，再由左向右折至 1/3 接口处，两端不能对折过头，一定要让接口完整对齐，将接口对齐后由左向右折至 2/1 处，排出多余气泡。控制好起酥机刻度，继续将 4 折 1 次完成的面皮擀至 0.6 厘米厚度，将面皮 3 折 1 次，由左向右折至 3/2 处，将剩余的 3/1 折至上面，排出多余气泡。

（备注：擀压过程中不能将起酥机刻度直接调至 0.6 厘米厚度，应当慢慢调至 0.6 厘米）

⑤ 将 4 折 1 次、3 折 1 次完成的面团用保鲜膜封好，送入 –18℃的冷冻室或冷冻柜冷冻 30 分钟。

4. 焦糖核桃的制作

① 将幼砂糖倒入锅中，用温火慢煮，让砂糖融化至金黄。

（备注：煮焦糖部分时，厨房没有不锈钢奶锅或铜锅可使用厚底器皿进行温火加热，不能使用大火，容易将砂糖快速煮焦产生苦涩味）

② 将幼砂糖继续煮至焦糖色后加入淡奶油、麦芽糖搅拌溶解，再加入盐继续搅拌至溶解，煮至黏稠阶段加入黄油搅拌溶解，让焦糖充满奶香味。

（备注：加入淡奶油时，可将淡奶油慢火加热升温至 55℃左右，不可加入冷藏淡奶油，冷藏淡奶油能瞬间让融化完成的焦糖降温结块）

③ 黄油溶解后加入准备好的核桃，温火多煮 2 分钟左右收干，收干后的焦糖核桃易操作，将焦糖核桃装入容器中备用。

（备注：核桃的准备是将核桃倒入开水中过 30 秒，去除核桃表皮层苦涩的核桃衣，捞起后放入低温烤炉，烘烤 10 分钟将潮湿的核桃烤干，飘散出核桃本身的核桃香味）

5. 乳酪的制作

① 将乳酪软化，搅拌细腻至无颗粒状。
（备注：使用干酪时可隔水加热搅拌，奶油奶酪则无需加热，搅拌完成后一定是细腻无颗粒）

② 加入糖粉慢慢搅拌至糖粉融化，加入柠檬汁、君度酒，慢速搅拌至溶解。

③ 慢慢倒入纯牛奶，慢速搅拌至混合，慢慢到入蛋白液，搅拌均匀成顺滑细腻状。
（备注：加入液体材料时不宜太快，可分批加入。一次性加入容易分离，不易操作）

④ 加入淡奶油，搅拌均匀，最后加入低筋面粉搅拌均匀至细腻无颗粒即可。

⑤ 装入裱花袋冷藏备用，未使用完的可冷藏保存使用 3 天。

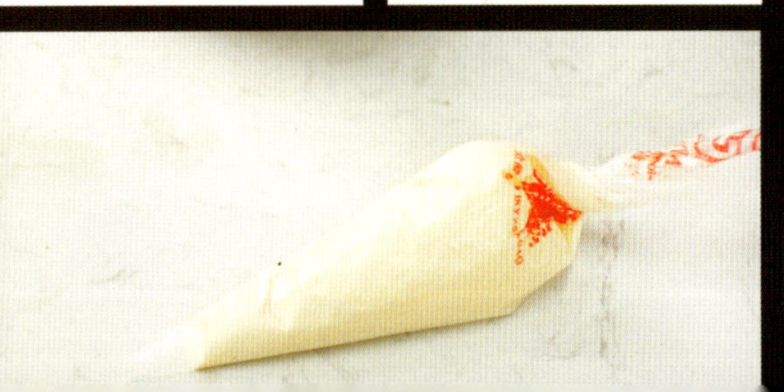

6. 成品的制作

① 将备好的图案卡纸按在擀成 0.6 厘米厚的面团上，切割出所需的图案。切割时，刀与面皮之间要求为 90° 直角。

② 将蛋白液刷在切割好的面皮上，起黏合作用，铺上焦糖核桃，在铺好的核桃中间挤入乳酪馅，在乳酪馅上盖上核桃。

③ 用圆形工具抠出多余面皮，将抠好的面皮盖在步骤 2 中的成品上。

④ 进入醒发前表面刷一遍蛋液，醒发完成后再刷一遍蛋液，醒发温度 30℃，湿度 75%。

⑤ 热风炉温度设置 190℃，烘烤 9 分钟，出炉时可轻震防止馅料下塌。
（备注：烘烤时如果厨房没有热风炉可使用普通烤炉上火 200℃、下火 170℃）

⑥ 烤好的焦糖核桃可以做一下表面装饰，如边缘刷一层柠檬汁，粘上开心果。

TIPS

如果搅拌时产生颗粒，可倒至滤网，边过滤边搅拌。

法式面包多以外表焦香味，咬下去松脆Q弹，回味甘甜为特点，这款面包在原有的法式面包食材基础上融入了一些新的食材，使用意式元素食材罗勒叶和黑胡椒，味道较浓郁，风味更突出，再搭配玉米粒，显得与传统的法式面包味道有所不同，更具特色。

罗勒玉米卷

Luo le yu mi juan

扫一扫看视频

材料

A. 面团

- 法国粉 T55 500 克
- 麦芽精 1 克
- 改良剂 0.5 克
- 水 340 克
- 低糖酵母 2.5 克
- 法国老面 150 克
- 黑胡椒粒 2.5 克
- 盐 10 克
- 黄油 20 克

B. 馅料

- 罗勒叶 40 克
- 玉米粒 80 克
- 马苏里拉芝士 50 克

* 每份配方 8 个成品

1. 材料的准备

2. 面团的制作

❶ 将麦芽精与水混合备用。

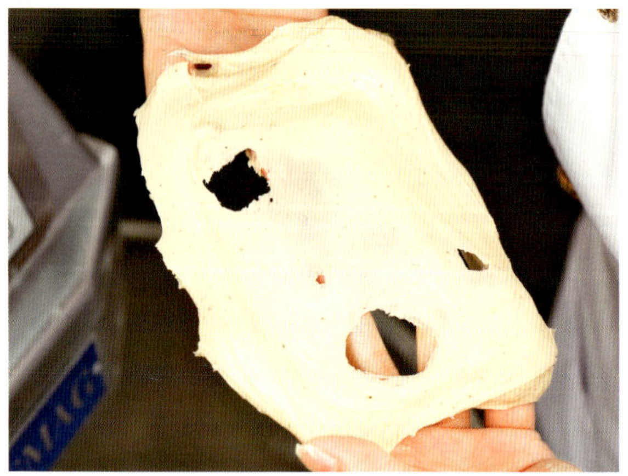

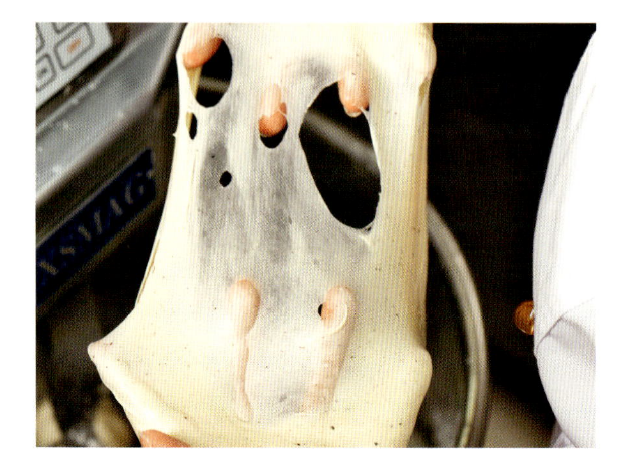

❷ 将法国粉 T55、黑胡椒粒倒入搅拌机，慢速搅拌均匀。

❸ 加入步骤 1 的混合物，加入低糖酵母、改良剂，慢速搅拌均匀至无干粉状，静置 20 分钟自我水解产生面筋，减少搅拌时间，增加面包风味。

❹ 将法国老面一小块一小块地加入，慢速搅拌 2 分钟，拉开薄膜呈撕裂状。加入盐和黄油，再次慢速搅拌 2 分钟，快速搅拌 1 分钟，拉开薄膜呈光滑透明状即可。

❺ 面团搅拌完成后最终温度为 24℃，将面团捞起平整铺开。

3. 成品的制作

❶ 放入玉米粒、马苏里拉芝士均匀铺开，加入罗勒叶，将面团先上下对折，再左右对折。

❷ 第一次基本发酵 60 分钟后将面团倒扣在工作台上，用手轻压面团，让空气均匀分布面团。

❸ 翻面，先左右对折再上下对折，第二次基本发酵 40 分钟。

❹ 将两次发酵好的面团倒扣、平铺于操作台上，对面团进行分割，每个 150 克。
（备注：分割面团时，面团要保持完整大小，太多细碎块会破坏面团组织，影响操作）

❺ 左右扭转面团，将面团扭成麻花状，放在发酵布上进入醒发箱，进行最后 60 分钟发酵。醒发温度 28℃，湿度 70%。

❻ 轻轻取出后平整地放在高温配布上。

❼ 将烤炉中蒸汽开启 3 秒，然后把面团送入烤炉，判断蒸汽是否薄薄地附在整个面团的表面。若蒸汽不足补开蒸汽 2 秒，以上火 240℃、下火 200℃，烘烤 23 分钟即可。

不是所有的甜面包都会给人一种甜腻感，这款面包就拥有橙橘的清香、杏仁的果香，十分小清新。造型上也十分独特，融入沙布列塔的风格，立体感更强，外表则用绿色开心果做点缀。

沙布列橙橘

Sha bu lie cheng ju

材料

A. 面团

- 高筋面粉 400 克
- 法国面粉 100 克
- 幼砂糖 60 克
- 盐 7.5 克
- 奶粉 10 克
- 酵母 6 克
  （备注：如果有新鲜酵母可使用新鲜酵母，添加量为干酵母的3倍）
- 全蛋液 32.5 克
- 淡奶油 50 克
- 水 195 克
- 法国老面 50 克
- 黄油 75 克

B. 馅料

- 杏仁粉 97.5 克
- 黄油 12.5 克
- 全蛋液 30 克
- 淡奶油 20 克
- 细糖 45 克
- 橙子丝 150 克

* 每份配方 24 个成品

1. 材料的准备

C. 沙布列派皮

- 黄油 125 克
- 细糖 71 克
- 杏仁粉 26 克
- 低筋面粉 192.5 克
- 盐 0.5 克
- 全蛋液 36 克

D. 表面装饰

- 开心果、杏仁粉各适量

2. 面团的制作

① 将高筋面粉、法国面粉、幼砂糖、奶粉、酵母等干性材料投入搅拌机慢速搅拌 1 分钟至混合均匀。

② 加入全蛋液、水、淡奶油慢速搅拌 2 分钟，转快速搅拌 4 分钟，加入法国老面，搅拌至完全融合，拉开薄膜呈光滑透明状，加入盐和黄油慢速搅拌 2 分钟，搅拌均匀即可。

③ 最终搅拌完成面团温度为 26℃，第一次基本醒发 15 分钟，分割滚圆，每个面团 40 克，可根据模具大小进行调整。

④ 分割滚圆完成后，封上保鲜膜，送入 0~5℃冷藏 12 个小时。

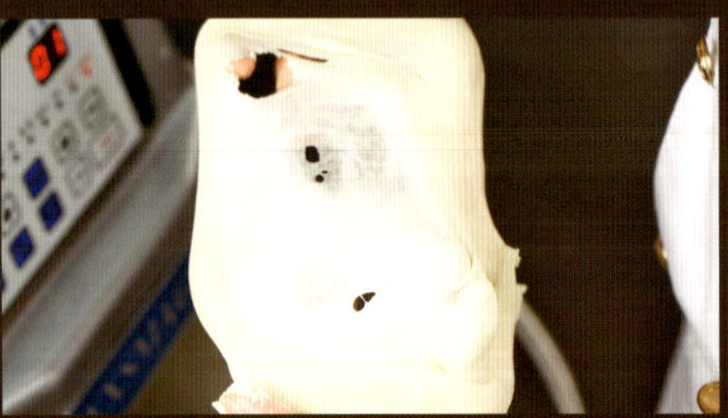

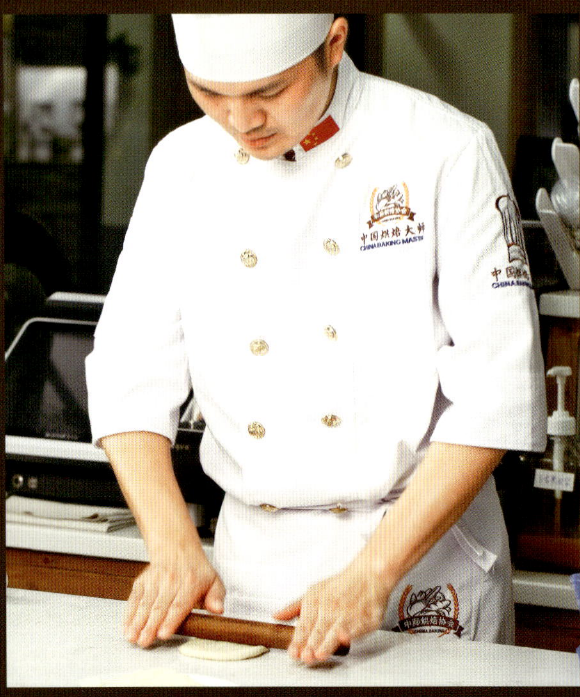

3. 沙布列派皮的制作

① 将黄油、细糖、盐放入一干净的容器中搅拌均匀。

② 加入全蛋液，搅拌均匀后加入杏仁粉、低筋面粉，慢慢搅匀至看不到面粉即可。

（备注：注意不能把面粉搅至起筋）

③ 分割成每个面团 30 克，放入准备好的派模，捏压的时候不能厚薄不匀。

④ 风炉温度 160℃，烘烤约 10 分钟至金黄色即可。

（备注：普通烤炉上火 150℃、下火 160℃）

4. 馅料的制作

① 先将黄油与细糖搅拌均匀，加入全蛋液、淡奶油、杏仁粉搅拌均匀。

② 再加入煮好备用的橙子丝。

③ 将橙子馅以每个 25 克分割备用。

5. 成品的制作

① 将面团压成圆形，上下边缘压薄，面团中间放上橙橘馅。

② 把面团上下拉起，左右捏合，以手圈住压紧。

③ 均匀擀开长度 15 厘米，宽 7 厘米，划刀口，卷起，粘杏仁粉后放入沙布列派皮中。

④ 将整形好的面团进行 60 分钟最后发酵，发酵箱温度 35℃，湿度 75%。

⑤ 将发酵完成好后的面团送入烤炉，以上火 200℃、下火 220℃，烘烤 12 分钟，撒上装饰的开心果碎即可。

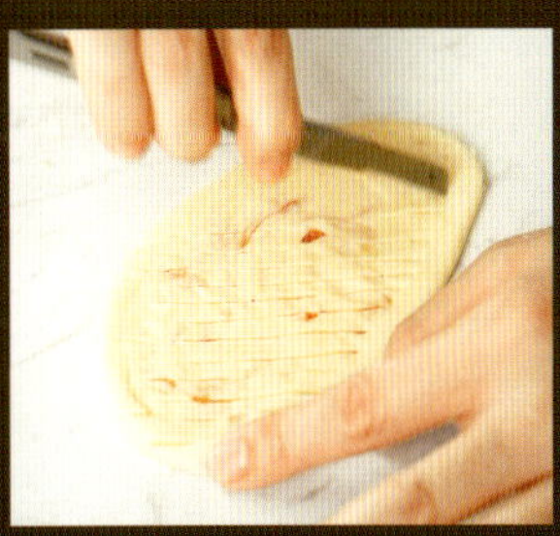

TIPS

橙子丝的制作方法：将 200 克新鲜橙子皮切成均匀宽度 0.3 厘米，然后过水煮开；捞出煮好的橙子皮，加入 200 克水、糖，温火煮成黏稠收干备用。这样煮后可以去除苦味。

马静

2014 年考取国家级二级技师
2014 年荣获济南市五一劳动奖章
2014 年荣获杰出技术能手
荣获 2015 年第二届“中国烘焙大师”称号
2016 年荣获中国烘焙十佳烘焙师
2016 年荣获优秀创新人物

1988 年，马静老师在一家酒店跟着外国人学习做西餐，当时看到西点中黄油面包的制作过程，小小的面团居然能够发酵变成很大的面团，他觉得非常新奇有趣，从此便开始了学习烘焙的道路。

提起学习中有趣的事情，马老师说有很多，当时跟着外国人学习烘焙，他们是不会过多地教授给你一些做法步骤、原材料如何使用的，会有所保留，这样就需要自己去研究探索。比如当时一开始对原材料接触得很少，不知道“蛋白稳定剂”到底是什么，其实就是现在所说的塔塔粉，当时就是大家一起研究、探讨，一路走来，马老师对烘焙的热爱依旧，最近几年则以研发馅料为主。

Baking Experience

1988~1996 年 玉泉森信大酒店佳佳西饼，任技术师傅
1997~1999 年 柬埔寨兄弟食品有限公司，任技术总监
2000 年 董老大食品有限公司，任首席烘焙师
2001~2014 年 济南好邦食品有限公司，任营销技术总监
2015 年 山东益豪食品有限公司，任营销技术总监
2016 年 山东济南旭禾食品有限公司，任副总经理、营销技术总监

蛋糕的制作中加入了黄油和三倍奶，三倍奶的加入可以改善蛋糕的口感，将其原有的油腻感去掉。这款蛋糕口味清香、奶香味浓郁，而且不会太甜，恰到好处。

乳香倍启蛋糕

Ru xiang bei qi dan gao

扫一扫看视频

材料

A. 面糊

- 大黄油 440 克
- 砂糖 360 克
- 旭禾三倍奶 100 克
- 奶粉 50 克
- 盐 2 克
- 全蛋液 300 克
- 低筋面粉 200 克
- 炼乳 50 克

B. 表面装饰

杏仁片 20 克

1. 材料的准备

2. 面糊的制作

❶ 用料理机将大黄油稍稍打发后，加入砂糖混合搅拌均匀至糖完全溶解。

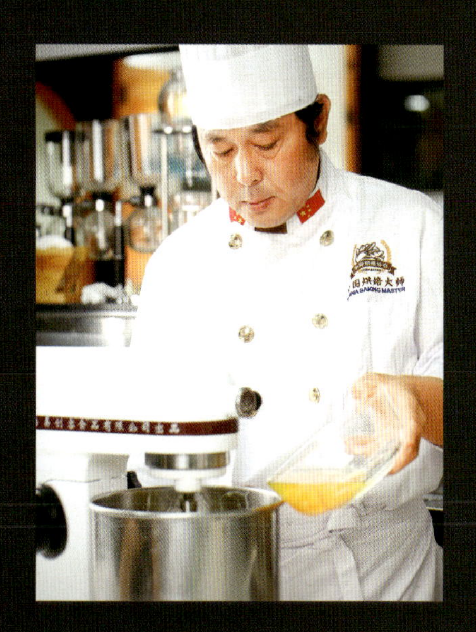

* 每份配方 4 个成品

② 加入盐、旭禾三倍奶、炼乳继续搅打均匀，然后将全蛋液分四次加入，每加一次搅打至蛋液完全融合后再加下一次，蛋液全部加完后继续搅打至混合物呈轻盈羽毛状。

③ 最后再筛入低筋面粉、奶粉，翻拌均匀，即可。

3. 成品的制作

❶ 将面糊倒入不粘模具中，每个为 350 克，抹平，撒上杏仁片。

❷ 烤箱预热，将装有面糊的模具放在烤盘上入烤箱烘烤，上火 180℃、下火 180℃，烘烤 40 分钟左右即可。

（备注：期间烤 15 分钟左右时，在蛋糕表面开刀，使蛋糊爆突）

三倍奶酥是马老师在 2016 年 10 月份研发出来的，三倍奶的加入可以提高产品的奶香味，改善产品内部的组织，使其更加的松酥。这款产品口感酥脆、奶味浓郁。

三倍奶酥

San bei nai su

材料

A. 面团

- 大黄油 160 克
- 砂糖 360 克
- 旭禾三倍奶 100 克
- 奶粉 25 克
- 盐 10 克
- 蛋黄液 120 克
- 低筋面粉 400 克
- 炼乳 50 克
- 葡萄干 200 克

* 每份配方 50 个成品

1. 材料的准备

2. 面团的制作

❶ 先将大黄油与炼乳混合拌匀，加入旭禾三倍奶、砂糖搅拌均匀至无颗粒状。

❷ 往步骤 1 中的混合物中加入蛋黄液、盐搅拌均匀，再加入奶粉、低筋面粉搅拌均匀，最后加入葡萄干混合均匀，揉成光滑的面团。

3. 成品的制作

❶ 用擀面杖将面团擀开，擀平后切成 8 × 3 厘米的长方块，放于烤盘上。

❷ 在长方块面团表面刷上蛋黄液即可入烤箱烘烤。

❸ 烤箱提前预热，上火 200 ℃、下火 180℃，烤约 25 分钟即可。

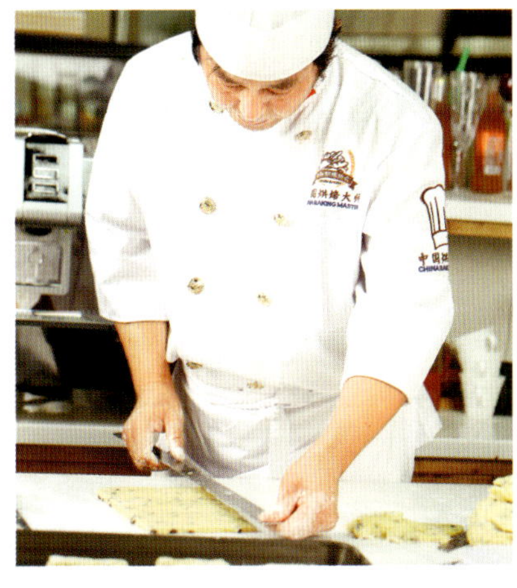

此款面包里加入了乌麻，乌麻具有养发明目、补肝益肾等功效，它含有的维生素E居植物性食品之首，能起到抗衰老和延年益寿的作用，所以这是一款很好的养生面包。

乌麻养生面包

Wu ma yang sheng mian bao

扫一扫看视频

材料

A. 面团

- 高筋面粉 1250 克
- 砂糖 250 克
- 旭禾三倍奶 50 克
- 奶粉 75 克
- 盐 12.5 克
- 全蛋 200 克
- 面包改良剂 7.5 克
- 炼乳 25 克
- 酵母 12.5 克
- 大黄油 190 克
- 水 200 克
- 牛奶 200 克

B. 乌麻馅料

- 旭禾金品乌麻 100 克
- 大黄油 25 克
- 黑芝麻 15 克

* 每份配方 12 个成品

1. 材料的准备

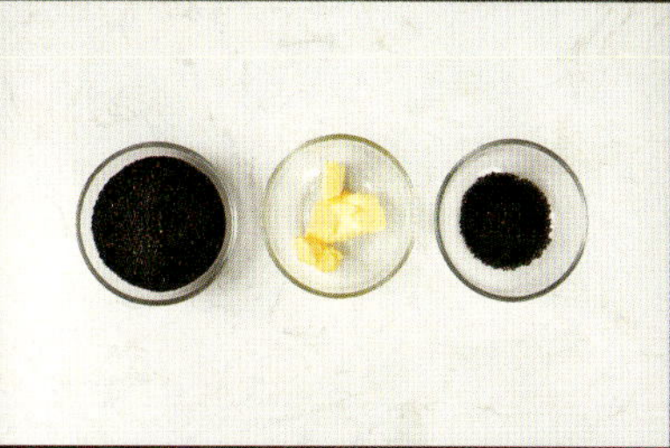

2. 面糊的制作

① 将高筋面粉倒入案板上，开窝，中间倒入砂糖、酵母、面包改良剂、奶粉，再倒入炼乳、三倍奶、水、牛奶、全蛋液一起搅拌均匀，与面粉一起混合均匀，将面团揉至面筋拓展为八成。

（备注：如有搅面机，可将混合物混合均匀后放入搅面机中搅打至成团）

② 再加入盐、大黄油继续混合均匀至面筋拓展完全。

③ 将面团用保鲜膜盖好，在室温下松弛 20 分钟。

3. 乌麻馅料的制作

4. 成品的制作

① 将发酵好的面团分割成 200 克一个的面团，搓圆。

② 将面团用擀面杖擀开成长方形，抹上一层乌麻馅，叠五折，再擀开叠五折，放在烤盘上，然后放在醒发箱中醒发 90 分钟。

③ 烤箱预热，醒发后的面团表面撒上一些面粉，用叉子压出造型即可入炉烘烤，上火 200℃、下火 180℃ 烤约 15 分钟即可。

陈锦辉

多次在国际大赛上获奖
荣获 2014 年第一届“中国烘焙大师”称号
现任广州增城名格斯烘焙简式餐厅总经理

提起最初是如何踏入烘焙行业的，陈锦辉老师说他在 15 岁时就放弃了学业，之后在亲戚开的蛋糕房里做学徒，在那里一做就是六七年的时间，当时的想法很简单，就是觉得自己书读得不多，为了生存，得好好学习一门手艺才行。

他从学徒做到师傅，又陆续做到管理层、研发层、总厨的位置，期间也有尝试过创业，这一路上陈老师都在不断地学习，充实自己的烘焙知识和技能，同时也在提升自己管理、技术开发等能力，就这样坚持不懈地奋斗到现在，已然走过了 22 年的春秋。如今他经营着自己的一家店，同时担任着几家公司的顾问。

通过烘焙，陈老师不仅在事业上取得了成功，也收获了美满的家庭，他的经历告诉我们拥有一门手艺，并不断学习，这样便能获得自己想要的。

Baking Experience

2013 年 全国烘焙产品评比大赛荣获“乳酪月饼”金奖

2014 年 全国烘焙产品评比大赛荣获“芝士蛋糕”金奖；荣获首届“中国烘焙大师”称号；修读于武汉商业服务学院，获高二级西式面点师资格证书

2015 年 全国烘焙产品评比大赛荣获“手工曲奇”金奖；被聘为“妈咪焙”烘焙栏目产品编辑总导师；荣获中际烘焙协会颁发的特别贡献奖；修读法国 MOF Pastry 大师西点应用培训

2016 年 被聘为“海峡烘焙技术交流研究会”第一届理事会首席荣誉顾问；“腾讯大粤网生活馆”轻食产品线总设计师；全国烘焙产品评比大赛荣获“天然葡萄种面包”金奖

2017 年至今 广州增城名格斯烘焙简式餐厅任总经理；东莞柒点师美食策划工作室任总经理；广州澳悦食品有限公司（澳麦居）技术顾问；东莞妈咪烘企业管理有限公司技术顾问团成员；正宇咖啡西点培训学校技术顾问团成员

en jin hui

创作理念

陈锦辉老师说他的灵感来源一般是会去结合当地的饮食文化、时尚潮流，以绿色、纯天然、健康为主。以前的人只是为了吃而吃，现在人们都越发地讲究健康养生了。做研发主要是要对食材有所认识，要多看书学习。

同时，陈老师会选用比较高端、天然的食材，结合一些以前在饼房看不到的材料，如在西餐中或是星级酒店应用到的食材，来应用到烘焙的产品中，使其口感、造型多样化，富有新奇感。

浮云蛋糕坯以牛奶为主，结合了淡奶油，所含面粉量很低，因此细腻性、化口性很强，入口几乎吃不到蛋糕的粉质。慕斯中使用了天然速冻果泥，将其与淡奶油混合，突出覆盆子本身的滋味。爱心的造型也能增加它的吸引力。

覆盆子慕斯

Fu pen zi mu si

扫一扫看视频

材料

A. 浮云蛋糕坯

a. 蛋黄部分

纯牛奶 750 克
细白砂糖 60 克
安佳淡奶油 150 克
蛋糕专用粉 120 克
玉米淀粉 15 克
蛋黄液 180 克

b. 蛋白部分

蛋白液 420 克
细白砂糖 135 克
塔塔粉 1.5 克
食盐 1.5 克

B. 蛋黄酱

蛋黄液 200 克
纯牛奶 420 克
细白砂糖 15 克
（此配方制作出的蛋黄酱有 600 克，取 200 克用）

C. 慕斯水

鱼胶粉 167 克
细白砂糖 333 克
饮用水 1200 克
（此配方制作出的慕斯水有 1500 克，取 150 克用）

D. 淋面酱

覆盆子果泥 125 克
细白砂糖 20 克
鱼胶粉 7 克
满天星果胶 100 克
美果树镜面果膏 105 克
水 30 克

E. 覆盆子慕斯酱

细白砂糖 30 克
安佳淡奶油 200 克
覆盆子果泥 150 克

F. 其他

朗姆酒糖水 适量

* 每份配方 8 个成品

1. 材料的准备

2. 蛋黄酱的制作

先将细白砂糖、蛋黄液放入一干净的容器中，隔水加热搅拌至 60℃后倒入纯牛奶，再隔水搅拌一会儿后过筛，放凉备用。

3. 慕斯水的制作

❶ 将鱼胶粉倒入细白砂糖中，搅拌均匀。

❷ 将饮用水倒入一干净的容器中，加热至沸腾，倒入步骤 1 中的混合物，边倒边搅拌至均匀，过筛备用。

4. 浮云蛋糕坯的制作

❶ 将纯牛奶、淡奶油、蛋黄液放入一干净的容器中，隔水搅拌加热至60℃，再放凉至温度降到30℃ ~ 40℃，备用。

❷ 将过筛后的蛋糕专用粉、玉米淀粉和60克细白砂糖混合，分两次倒入步骤1中的混合物中，搅拌均匀，再隔水加热至黏稠状即成蛋黄糊。

❸ 蛋白液放入打蛋机器皿中，快速搅拌20秒，然后加入塔塔粉、135克细白砂糖、食盐一起搅拌打发至软性发泡，呈鸡尾状即成蛋白糊。

❹ 将步骤3的蛋白糊先取1/3倒入步骤2中的蛋黄糊搅拌均匀后，再将剩下蛋白糊倒入搅拌均匀，倒入已铺好白纸的烤盘中，铺平后稍微震动至其表面均匀。

❺ 烤炉预热，上火200℃、下火160℃，将烤盘放入烤炉中先烤12分钟后转炉续烤6分钟，出炉后震动一下，放凉即可。

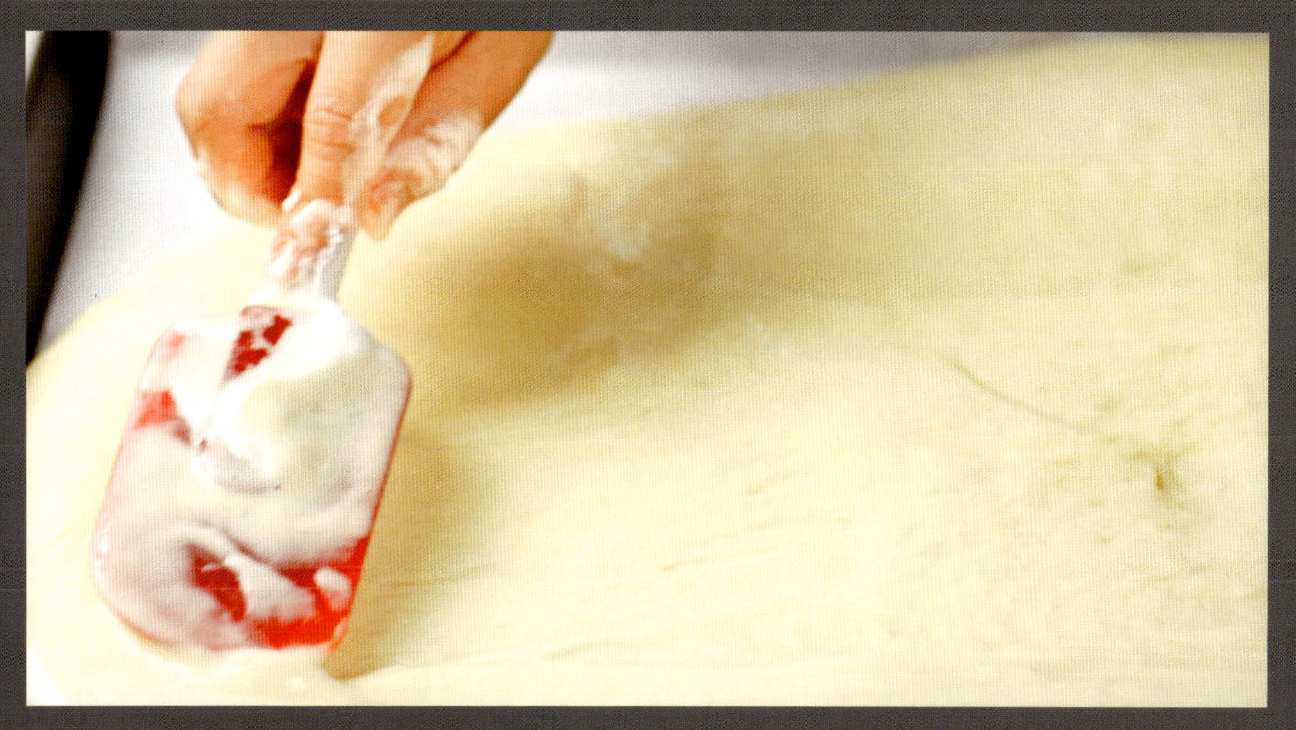

5. 淋面酱的制作

❶ 将水倒入干净的容器中加热煮至沸腾。

❷ 将鱼胶粉倒入细白砂糖中，混合均匀后倒入沸水中煮至溶解，无颗粒状，再倒入美果树镜面果膏搅拌均匀。

❸ 继续倒入覆盆子果泥、满天星果胶，搅拌均匀，离火。

❹ 放到冰水中冷却，待温度降到38℃后淋面。

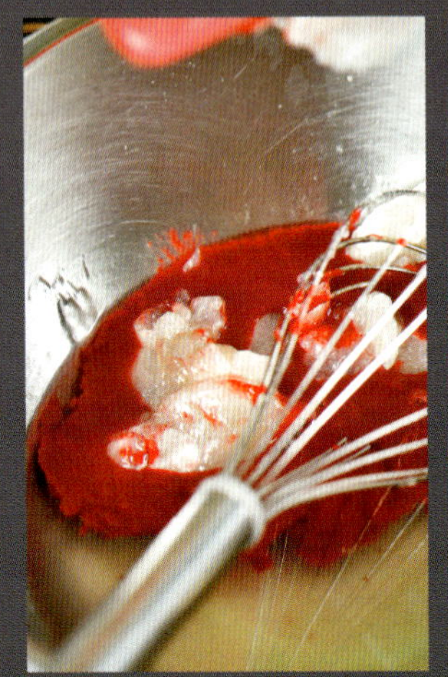

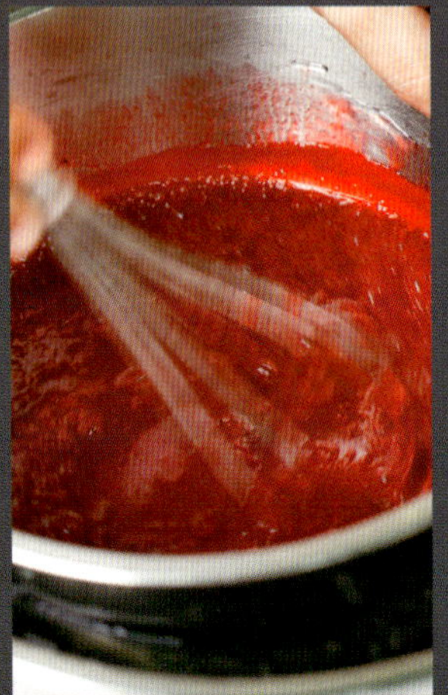

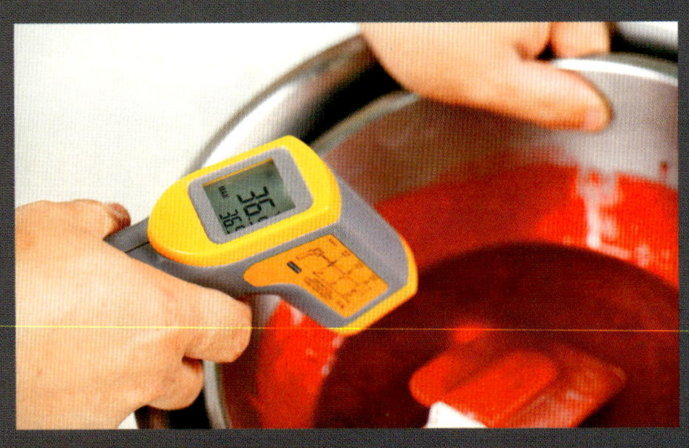

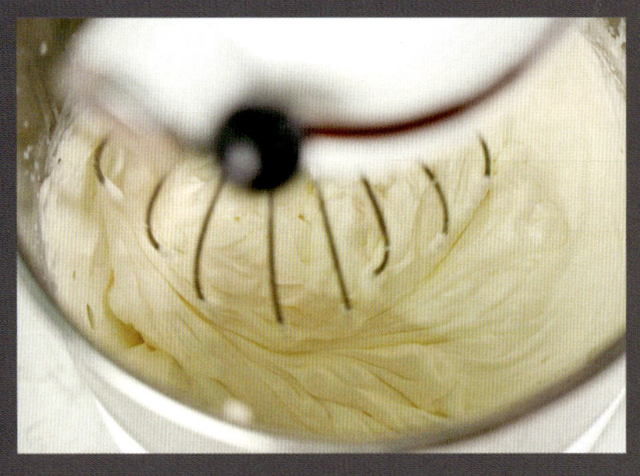

6. 覆盆子慕斯酱的制作

❶ 将安佳淡奶油倒入奶油机中打发好后，备用。

❷ 将细白砂糖、覆盆子果泥、200 克蛋黄酱倒入一干净的容器中，搅拌均匀后加入已打发好的安佳淡奶油搅拌均匀，再倒入 150 克慕斯水混合，搅拌均匀即成。

❸ 将慕斯酱装入裱花袋中，备用。

7. 成品的制作

① 将烤好的浮云蛋糕坯取出，稍凉后，用心形模具压出蛋糕坯，在蛋糕坯上刷一层朗姆酒糖水。

② 取出硅胶模具，倒入慕斯酱，留可放模具大小的蛋糕坯高度，放入与模具大小一样的蛋糕坯，放入冷冻室冷冻至凝固即可。

③ 将冷冻好的慕斯取出，脱模后放在凉网上，淋上制好的淋面酱。

④ 最后用开心果、糖果、巧克力等可食用的创意材料做表面装饰即可。

这款也属于法式甜品，和覆盆子慕斯的制作原理是一样的，着重于突出食材本质的香味、口感及健康。芒果的滋味溢满全口，回味着浓醇的奶油风味。此外，在装饰上采用了喷砂，给人以简洁明了的观感，螺旋纹也颇有个性，简约的造型符合现代人的审美。

芒果慕斯

Mang guo mu si

材料

A. 浮云蛋糕坯

（做法请看 P158 “覆盆子慕斯”）

B. 蛋黄酱

（取 200 克，做法请看 P158 “覆盆子慕斯”）

C. 慕斯水

（取 150 克，做法请看 P158 “覆盆子慕斯”）

D. 白巧克力喷砂

白色巧克力 30 克
可可脂 30 克
黄色素 2 克

E. 芒果慕斯酱

细白砂糖 30 克
安佳淡奶油（已打发）200 克
芒果果泥 150 克

* 每份配方 8 个成品

1. 材料的准备

F. 其他

朗姆酒糖水 适量

2. 白巧克力喷砂的制作

① 将可可脂放入一干净的容器中，隔水加热至其融成液体；白色巧克力块也是隔水加热融解。

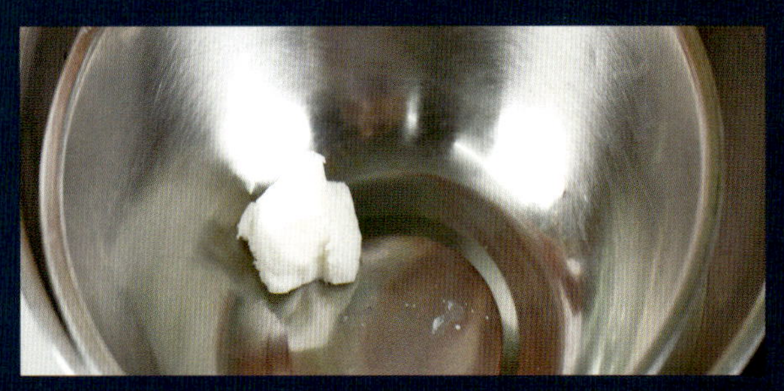

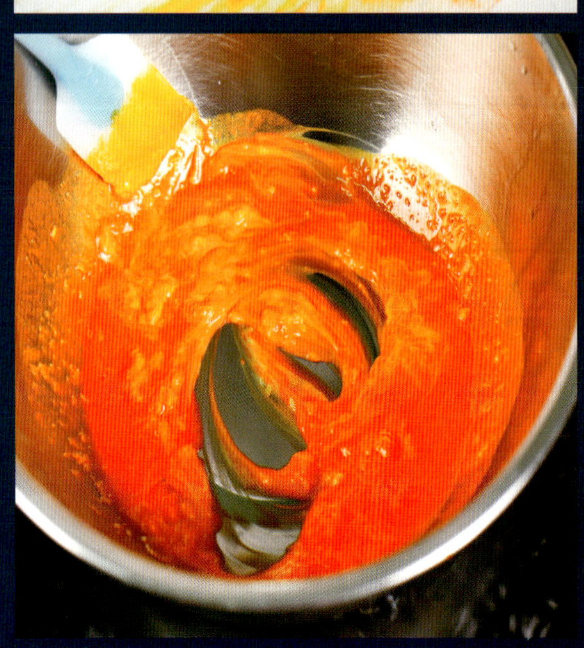

② 将黄色素倒在大理石台面上，倒入融化好的可可脂，用抹刀将两者混合均匀，直至色素全部混合于可可脂中，抹至有点发硬后刮起。

③ 将步骤 2 中的混合物放入已融好的白色巧克力中搅拌均匀继续溶解，待两者完全混合溶解后即可。

3. 芒果慕斯酱的制作

① 将细白砂糖、芒果果泥、200 克蛋黄酱倒入一干净的容器中，搅拌至溶解，再倒入已打发好的淡奶油搅拌均匀，倒入 150 克慕斯水混合，搅拌均匀即成。

② 将慕斯酱装入裱花袋中，备用。

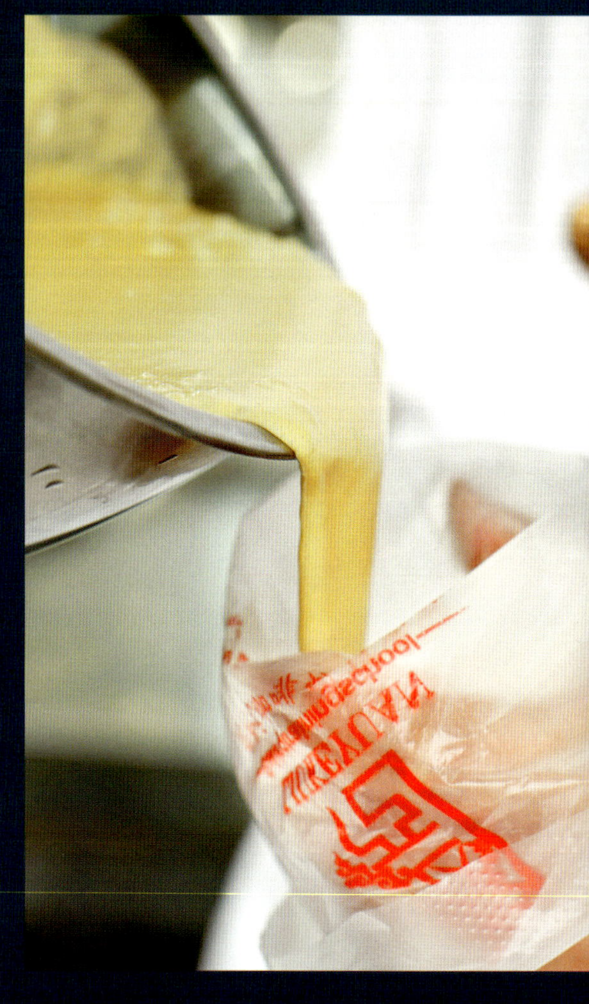

① 用圆形模具在烤好的浮云蛋糕坯上压出蛋糕坯，在蛋糕坯上刷一层朗姆酒糖水。

② 取出硅胶模具，将慕斯酱挤入模具中 1/3 的高度，然后放入比模具小一圈的蛋糕坯。

③ 继续倒入慕斯酱，留可放模具大小的蛋糕坯高度，放入与模具大小一样的蛋糕坯，放入冷冻室冷冻至凝固即可。

④ 转盘上铺上一层白纸，将冷冻好的慕斯取出，脱模后放在白纸上，将白巧克力喷砂喷在慕斯表面，为了上色均匀，边喷边转动转盘。

⑤ 最后用奶油、巧克力等可食用的创意材料装饰装盘即可。

这款甜品有着浓浓的苏格兰风情，苏格兰巧克力与奶油混合，入口即化，通过人体的温度渐渐析出朱古力的香、柔、滑，从舌尖弥漫奶油的味道。用绿色的开心果作为装饰，使人联想到绿草覆盖的苏格兰牧场。

苏格兰朱古力

Su ge lan zhu gu li

扫一扫看视频

材料

A. 浮云蛋糕坯

（做法请看 P158“覆盆子慕斯”）

B. 蛋黄酱

（取 160 克，做法请看 P158“覆盆子慕斯”）

C. 慕斯水

（取 90 克，做法请看 P158“覆盆子慕斯”）

D. 黑巧克力喷砂

黑色巧克力 30 克
可可脂 30 克

E. 苏格兰朱古力慕斯酱

苏格兰朱古力 100 克
安佳淡奶油 180 克（已打发）

F. 其他

朗姆酒糖水 适量

1. 材料的准备

* 每份配方 8 个成品

2. 黑巧克力喷砂的制作

将可可脂、黑色巧克力一起放入一干净的容器中，隔水加热至两者完全混合溶解后即可。

3. 苏格兰朱古力慕斯酱的制作

① 苏格兰朱古力小火隔水加热溶解，倒入 160 克蛋黄酱混合均匀，离火。

② 倒入已打发好的淡奶油搅拌均匀，最后再倒入 90 克慕斯水搅拌均匀即可。

③ 将慕斯酱装入裱花袋中，备用。

4. 成品的制作

① 用刀在烤好的浮云蛋糕坯上切出模具大小的长条蛋糕坯，在蛋糕坯上刷一层朗姆酒糖水。

② 取出硅胶模具，倒入慕斯酱，留可放模具大小的蛋糕坯高度，放入与模具大小一样的蛋糕坯，放入冷冻室冷冻至凝固即可。

③ 转盘上铺上一层白纸，将冷冻好的慕斯取出，脱模后放在白纸上，将黑巧克力喷砂喷在慕斯表面，为了上色均匀，边喷边转动转盘。

④ 最后用奶油、巧克力等可食用的创意材料装饰装盘即可。

张惇慧

荣获 2016 年第三届“中国烘焙大师”荣誉称号
2017 年美国“加州核桃烘焙大师”创意大赛获得铜奖
2017 年荣获中际烘焙协会颁发的“突出贡献奖”

张惇慧老师是台湾彰化县人，出生在烘焙世家，从小就是在面粉堆里长大的。她的父亲张文源，与台湾烘焙大师姜台宾是同辈人，从事烘焙行业差不多快 50 年了。所以参与面包、蛋糕的制作就好比其他小朋友玩玩具、办家家酒，身边的玩伴就是面包师傅，1998 年张老师正式进入烘焙行业，开始了学习的旅途，秉承着“脚踏实地，一步一脚印”的信念孜孜不倦努力地学习。2002 年她来到大陆，从事生产管理与技术研发，当时她想换个环境，也想了解一下烘焙领域大陆和台湾存在什么差别。2008 年，她被台湾烘焙之父姜台宾大师收为关门弟子。

“现在在西点这块儿，大陆这边比台湾要领先一点，汉饼的话却有些遗失了”，张老师说，所以她现在主要研究的是汉饼这一块儿。

Baking Experience

曾任职于：
台湾顶巧食品有限公司
台湾美心食品有限公司
台湾高单位食品有限公司
温州天王星食品有限公司
晋江麦都食品有限公司
福州小土豆食品有限公司
温州米哥食品有限公司

现任职于：
海峡烘焙技术交流研究会荣誉顾问
东莞焦点食品有限公司技术顾问
广州上品优悦餐饮管理有限公司技术顾问

ang dun hui

创作理念

张老师说，现在喜欢借鉴国外的一些好的灵感，将其融入到自己的作品中，有所创新，对于汉饼也一样，在传统的基础上创作出有新意的汉饼。传统的汉饼给人的感觉比较古板，没什么视觉上的冲击力，不是很容易被现在的年轻人接受，因此张老师所研制的汉饼首先视觉上会不一样，甚至看不出来它是“饼”，口感风味上也会多样化。

张老师在生活中喜欢去观察植物、装饰品、食品等，这些都能激发她的创作灵感。只要是适合的原材料，她都愿意去尝试，做一些口味奇特的产品。

状元饼又名“花饼”，来自茶圣陆羽之乡——天门多宝古镇，且世代相传，经久不衰，是一种非常传统的汉饼，但是现在这种饼已经遗失很多年了。此款状元饼采用古早技法操作，更加的酥脆，有着外脆内软的双重口感。

状元饼

Zhuang yuan bing

扫一扫看视频

材料

A. 面团

- 低筋面粉 320 克
- 绵白糖 150 克
- 安佳大黄油 175 克
- 蛋黄液 40 克

B. 馅料

- 黑枣泥 240 克
- 核桃 100 克

1. 材料的准备

2. 面团的制作

① 先将绵白糖、黄油倒在案台上，低筋面粉倒在旁边备用，将绵白糖与黄油一起拌匀。

* 每份配方 20 个成品

② 在拌匀的白糖和黄油糊中分次加入蛋黄液拌匀，与备好的低筋面粉拌匀至成团即可。（备注：油水不分离）

③ 将面团搓成长条状后，分成每个 25 克的小面团，备用。

3. 馅料的制作

① 将核桃掰小块，倒入装有黑枣泥的容器中，将两者混合均匀。

② 将馅料分成每个 17 克的小团，备用。

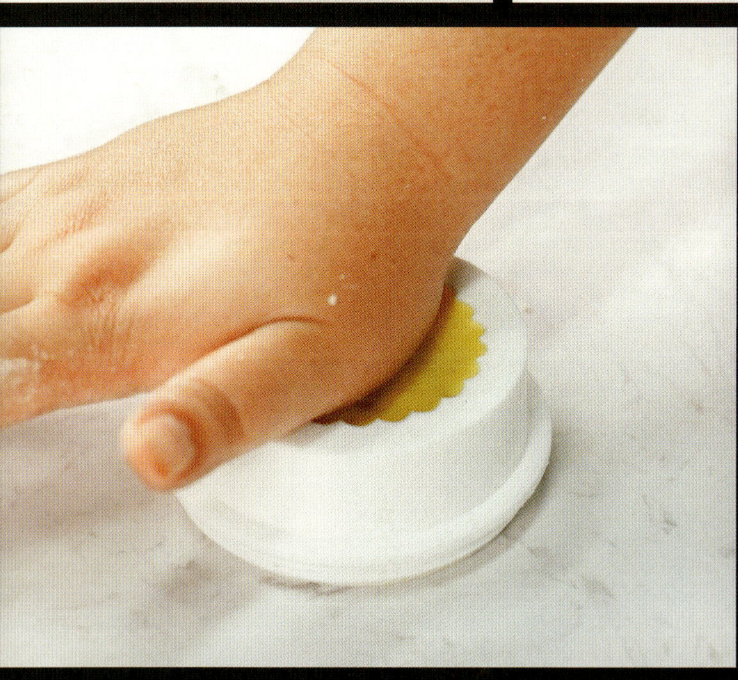

4. 成品的制作

① 每个面团 25 克包馅 17 克，揉成圆形后放入状元饼模具中稍微按压成形，然后脱模，放于烤盘上。

② 用牙签在状元字体两边对称插两个孔以防止膨胀爆裂。

③ 烤箱预热，上火 250℃、下火 230℃烤 5 分钟，底部着色后垫盘继续烘烤 15 分钟，至金黄色即可。

这款原创汉饼来自张老师突发的灵感，将巧克力的元素直接融入到汉饼中。时尚新潮的外观造型，符合现在年轻人的审美，其Q心口感弹性十足，外皮酥脆。

迪克多薄脆

Di ke duo bo cui

扫一扫看视频

材料

A. 可可雪白皮

- 乳白油 50 克
- 葡萄糖浆 75 克
- 低筋面粉 112 克
- 可可粉 5 克
- 玉米淀粉 34 克
- 蛋白液 13 克

B. 巧克力馅

- 白豆沙 250 克
- 棕黑软质巧克力 50 克

C. 黑糖 Q 心

- Q 心粉 100 克
- 葡萄糖浆 300 克
- 水 95 克
- 白油 30 克
- 黑糖酱 20 克

D. 表面装饰

- 巧克力麦片 5 克
- 草莓味麦片 5 克
- 抹茶味麦片 5 克

* 每份配方 22 个成品

1. 材料的准备

2. 可可雪白皮的制作

❶ 将乳白油与葡萄糖浆搅拌均匀至无颗粒。

❷ 加入过筛后的低筋面粉、玉米淀粉，混合均匀至无颗粒。

❸ 加入蛋白液调节软硬度，揉成面团，取一小半做装饰用雪白皮，备用。

❹ 将另一大半面团加入可可粉混合均匀即成可可雪白皮，分割成每个 20 克的小面团，备用。

3. 巧克力馅的制作

❶ 将白豆沙与棕黑软质巧克力一起搅拌均匀。

❷ 将混合好的馅料搓成长条后，分割成每个 15 克的小馅料团，备用。

4. 黑糖 Q 心的制作

❶ 取一干净的容器，将葡萄糖糖浆与水溶解至煮开，倒入黑糖酱搅拌均匀。

（备注：边煮边轻轻搅拌防止糊底）

❷ 将 Q 心粉装入打蛋缸中，将步骤 1 中煮开的葡萄糖浆水稍凉后倒入打蛋缸，用打蛋器手动将 Q 心粉与葡萄糖浆水混合均匀至无颗粒。

❸ 然后再用打蛋机中速将 Q 心粉混合糊浆打至成团。

❹ 分 3 次加入白油至 Q 心粉混合糊浆，充分吸收白油即成 Q 馅。

❺ 将 Q 馅分割成每个 5 克的小馅团，待用。

5. 成品的制作

❶ 将巧克力馅 15 克捏平包入黑糖 Q 心 5 克。

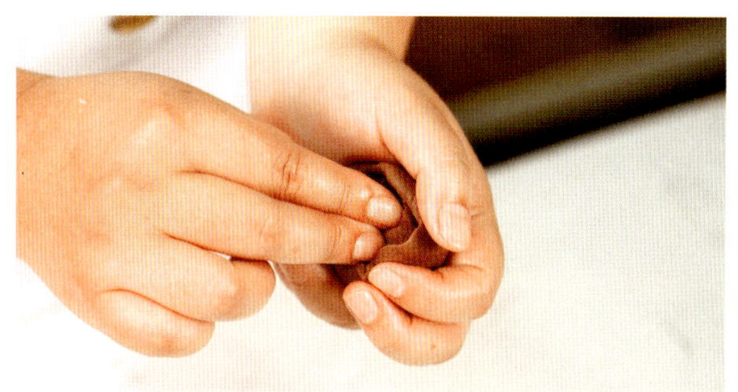

❷ 将可可雪白皮 20 克稍微搓一下，捏平包入步骤 1 中的混合馅料，搓成长约 7 厘米的长条形。

❸ 表面上粘一下蛋白液，再粘上巧克力麦片、草莓麦片、抹茶麦片，稍微搓一下，使麦片上的材料粘稳，不易掉落，放于烤盘上。

❹ 将备好的装饰用雪白皮，取部分搓细长条，缠在步骤 3 的成品中，再取部分雪白皮擀平，用模具压出花形，装饰表面，即可入炉烘烤。

❺ 第一次烘烤：上火 190℃、下火 160℃，烘烤 10 分钟后，取出，冷却 5 分钟。

第二次烘烤：上火 175℃、下火 160℃，烘烤 10 分钟，取出，冷却 5 分钟。

第三次烘烤：上火 170℃、下火 160℃，烘烤 5 分钟后即可出炉。

张勇

一级甜点师
曾赴新西兰、法国学习西方烘焙知识
荣获 2015 年第二届“中国烘焙大师”称号

1994 年，由于家境困难，还不到 16 岁的张勇老师便开始跟着一位香港的烘焙大师学习烘焙，原来仅仅只是想靠它维持生计，但在接触了烘焙之后，张老师越发地热爱上了这个行业。

张老师说：“看到顾客吃着自己做的糕点，脸上露出笑容，心中会升起一种成就感。”20 岁时，他去江苏上了 3 年大学，攻读的是食品相关的专业，后又经他人介绍，有机会远赴新西兰、法国求学了两年，学习西方烘焙、谷物学等知识。一路走来，张老师都在不断地学习，不断地提升自己的能力，至今张老师从事烘焙事业已有 23 年了。

Baking Experience

1994 年 顺德仙泉酒店雅士饼屋烘焙学徒、初技技师
1999 年 佛山华侨大酒店天虹面包专门店任技术主管
2001 年 考取一级点心师
2002 年 佛山腾飞成人技术学校面包西饼班主讲老师
2003 年 东莞一指生产督导厂长
2005 年 去新西兰学习进修奶制品及烘焙技术
2009 年 法国跟随名师学习法式焙烤技术
2010 年 广州设立烘焙工作室钻研法式甜点烘焙无糖类产品
2014 年 四川绵阳米可蓝精致烘焙技术顾问
2015 年 广州富臻餐饮管理有限公司运营总监
2015 年 荣获第二届“中国烘焙大师”称号

hang yong

创作理念

张老师说他的产品创作灵感都来自于社会生活的演变。他提到中国的烘焙行业现在面临着很大的改革，我们首先应该把传统的、复杂的东西去除掉，要将产品做到简单化，但是却又要使其不简单。

说起国内外烘焙业的差别，张老师说在国外很多国家，甜点、面包是可以成为主食的，现在西点也融入了中国人的生活，相信在不久的将来，中国的烘焙业会赶上国外在这个领域的步伐。

榴莲千层大家都知道，张老师这款产品是经传统的榴莲千层改良而成，将法式西点的灵感融入这款产品中，有非常好的层次感，不腻不黏着，入口即化，回味无穷。

榴莲千层

Liu lian qian ceng

扫一扫看视频

材料

A. 榴莲皮

- 维佳油 50 克
- 糖 100 克
- 低筋面粉 100 克
- 纯牛奶 200 克
- 全蛋液 300 克

B. 榴莲馅

- 维佳油 30 克
- 糖 10 克
- 牛奶 40 克
- 吉利丁片 5 克
- 榴莲肉 300 克

C. 吉士奶油馅

- 牛奶 40 克
- 吉利丁片 3 克
- 吉士粉 20 克
- 安佳淡奶油 150 克
- 乳脂奶油 150 克

* 每份配方 1 个成品

1. 材料的准备

2. 榴莲皮的制作

① 将维佳油放入一干净的容器内隔水融化，加入糖、低筋面粉搅拌均匀，再分次加入纯牛奶搅拌。

② 将全蛋液分次加入步骤 1 中的混合物中，继续搅拌至混合均匀。

③ 将步骤 2 中的混合物用钢筛过滤，过滤好的混合物用平底锅煎蛋皮。

3. 榴莲馅的制作

① 将吉利丁片放入冰水中泡软。取一干净的容器，倒入维佳油隔水融化，倒入牛奶、糖搅拌均匀。

② 隔水煮开后加入泡软的吉利丁片再搅拌至溶解。

③ 将榴莲肉去核，过筛后倒入步骤 2 中的混合物中，搅拌均匀即可。

4. 吉士奶油馅的制作

① 将吉利丁片放入冰水中泡软；将淡奶油、乳脂奶油一起倒入奶油机中打发至 7 成。

② 牛奶倒入锅中，煮开后倒入吉士粉搅拌，再加入泡软的吉利丁片搅拌溶解。

③ 分次加入打发好的奶油，搅拌均匀即可。

5. 成品的制作

近几年来法式欧包在中国很流行，法式欧包主要是以硬式面包为主，许多中国人不太吃得习惯，因此法式硬面包后来被慢慢演化成了软式的欧包，水分较足，口感比较符合中国人的口味。

天然软欧

Tian ran ruan ou

扫一扫看视频

材料

A. 软欧种液

a 提子液
提子 400 克
糖 400 克
纯净水 1500 克
麦芽黑水 5 克
白兰地 10 克

b 酸奶液
酸奶 1500 克
常温水 1500 克
糖 80 克

c 液种
高筋面粉 100 克

B. 面种

法国粉 T55 500 克
酵母 5 克
水 340 克

C. 主面

法国粉 T55 500 克
糖 60 克
酵母 2 克
盐 20 克
冰水 420 克
大黄油 40 克

* 每份配方 8 个成品

1. 材料的准备

2. 软欧种液的制作

❶ 将洗净的提子倒入一干净的玻璃罐里，加入糖、纯净水、麦芽黑水、白兰地酒，盖上盖子后将玻璃罐轻轻摇匀，密封好存放 7~10 天，发酵后即成提子液。

❷ 取步骤 1 中发酵好的提子液 150 克，倒入另一干净的玻璃罐中，加入糖、常温水、酸奶，盖上盖子后将玻璃罐轻轻摇匀，密封好存放 2 天左右，发酵后即成酸奶液。

❸ 取步骤 1 中发酵好的提子液 100 克，倒入装有法国粉 T55 的容器中，搅拌均匀后，用保鲜膜包着，发酵 1 天左右即成液种。

3. 面种的制作

将法国粉 T55、酵母、水放入干净的容器中，搅拌混合均匀。面种用保鲜膜包着，发酵半天以上。

4. 主面的制作

❶ 将法国粉 T55 倒在操作台上，开窝。

❷ 放入糖、提子液 200 克、液种 100 克、酸奶液 100 克、酵母混合均匀，加入糖、水、酸奶，再分次倒入冰水，揉至面团筋度适中后，继续加入盐、大黄油，混合均匀后，揉至光滑的面团，常温下松筋 10 分钟。

❸ 取出松筋后的面团，任意分面，面团可放少许红曲粉、抹茶粉、可可粉、黄色素等，揉搓均匀后即成五颜六色的面团，再二次松筋 40 分钟。

❹ 开始整型，擀开面团，放入蔓越莓、巧克力、提子干、奶酪等馅料，然后开始发挥创意制作出圆形、长条形、U 形、三角形等，表面还可以用开心果、核桃等可食用的材料做表面装饰。

❺ 整型后的面团放在高温烤布上，放入烤炉，烤炉温度为上火 200℃、下火 180℃，烤 8~9 分钟至表面稍微上色即可。

这是一道简单而不失美味的甜品，将芝士与鸡蛋混合搅拌均匀，放入烤箱中烘烤，做法步骤简单，品尝的时候芝士风味浓郁，口感细腻，且烤后的芝士会起斑点，造型上也非常美观。

芝士 100 克
牛奶 165 克
细糖 55 克
布丁粉 10 克
蛋黄液 100 克
全蛋 18 克
安佳淡奶油 330 克

* 每份配方 10 个成品

2. 成品的制作

① 将芝士放入干净的容器中隔水加热软化，搅拌至光滑，备用。

② 将牛奶、细糖放入干净的容器中用中火煮开，倒入布丁粉快速搅拌均匀后离火。

③ 将步骤 2 中的混合物倒入步骤 1 中，再倒入蛋黄液、全蛋继续搅拌均匀，最后倒入淡奶油搅拌均匀后过筛。

④ 将过筛后的混合物用量杯倒入陶瓷杯中，用烤盘隔水烘烤。

⑤ 上火 160℃、下火 160℃烘烤至 40 分钟后，再上火 220℃、下火 160℃烤至表面上色即可出炉。

陈基干

曾在多家知名烘焙企业任职
创立了品牌“陈家围”客家手信特产
荣获 2015 年第二届“中国烘焙大师”称号

1988 年，陈基干老师第一次接触到烘焙行业，那年他才 18 岁，在一家餐饮服务公司从事烘焙馅料的制作和调配工作，工作期间，随着对烘焙的了解越来越多，陈老师产生了强烈的欲望，想要掌握一定的烘焙制作技术，成为真正的烘焙大师。此后他便辞去馅料制作的工作，来到广州新花园酒家面包坊，专职从事面包烘焙工作，边打工，边学习，通过不懈的努力，陈老师在两年时间内便基本掌握了面包、糕点、各式西点的烘焙技术，在烘焙行业内也小露名气。

在烘焙道路上，陈老师一直没有停下自己的步伐，为了将自己的烘焙技术分享给更多的烘焙爱好者，他带领自己的圣康德食品团队与天萌国际烘焙联盟，将圣康德烘焙工厂作为天萌学子的实训基地，为烘焙教育行业贡献自己的力量。同时，为了支持家乡的事业，陈老师还和台山嘉乐城冬翅蓉的传承第一人谭正俊一起开发了适合“三高”人群食用的“海藻糖”系列冬翅蓉月饼，让更多的人认识自己的家乡。

Chen ji gan

Baking Experience

1990 年 广州大西豪饮食集团任汉堡包房领班
2002 年 金安娜食品有限公司任主管
2003 年 深圳甜甜食品有限公司任职
2009 年 深圳长盛发烘焙中心任首席烘焙师
2014~2015 年 于“上海金麦”“惠州麦乐谷”“深圳点心点意”等知名企业任厂长、首席执行官
2015 年 创立了品牌“陈家围”客家手信特产；获得第二届“中国烘焙大师”荣誉称号

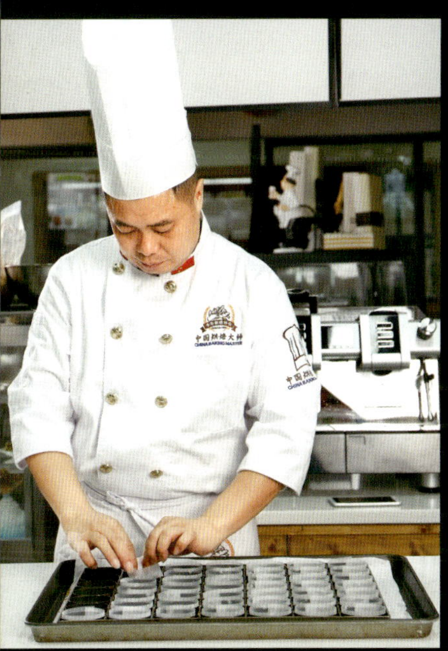

创作理念

陈基干老师从事烘焙 20 多年，坚持不懈用好的原料，传承多年老师傅传统配方不变，有些烘焙学习者经常苦恼为什么自己做的产品口感、造型上总是差了些，其实只要坚持选用好的原料，产品的口感便会更好，造型上也会更美观。

此款半熟芝士蛋糕，传统制作，采用新上乘技艺，添加各种进口原材料，多道工序。是引导烘焙界又一新款爆品。烤好的半熟芝士蛋糕口感嫩滑，冷冻后更好吃。

半熟芝士蛋糕

Ban shu zhi shi dan gao

扫一扫看视频

材料

A. 蛋糕底坯部分

a. 蛋黄部分

- 水 200 克
- 牛奶 200 克
- 盐 5 克
- 色拉油 200 克
- 黄油 200 克
- 低筋面粉 320 克
- 泡打粉 10 克
- 淀粉 50 克
- 蛋黄液 450 克

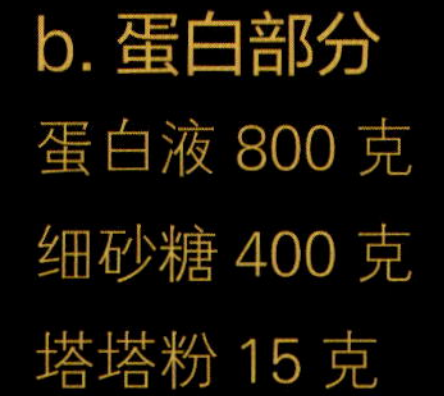

b. 蛋白部分

- 蛋白液 800 克
- 细砂糖 400 克
- 塔塔粉 15 克

B. 芝士部分

- 芝士 650 克
- 马斯卡邦芝士 100 克
- 黄油 120 克
- 牛奶 320 克
- 葡萄糖 30 克
- 蛋黄液 230 克
- 淀粉 40 克
- 蛋白液 140 克
- 细砂糖 140 克
- 柠檬 1 个

1. 材料的准备

* 每份配方 49 个成品

2. 蛋糕底坯的制作

① 牛奶和黄油隔水融化。

② 离火，加入水、色拉油、低筋面粉、淀粉、泡打粉，拌匀至无颗粒状。

③ 加入盐、蛋黄液，拌匀成蛋黄糊备用。

④ 将蛋白液、塔塔粉倒入料理机中，再将细砂糖分三次加入蛋白液中，把蛋白液打发至七成，制成蛋白糊备用。

⑤ 先往蛋黄糊中倒入三分之一的蛋白糊，翻拌均匀，再全部倒入剩余的蛋白糊中，翻拌均匀后倒入铺好烘焙油纸的烤盘中，稍稍震动烤盘，除去气泡。

⑥ 放入预热好的烤箱，以上火 180℃、下火 140℃烘烤 20 分钟。

⑦ 取出摊凉后将模具放在蛋糕坯上，用擀面杖将模具压入、压平后取出椭圆形蛋糕片。

⑧ 把模具放在铺上烘焙油纸的烤盘中，取小张长条形烘焙油纸头尾相交成圈状，放入模具中。

⑨ 把蛋糕片放入模具中，备用。

3. 芝士部分的制作

① 芝士隔水融化，加入马斯卡邦芝士拌匀，继续隔水融化至无颗粒状。

② 将牛奶、黄油、葡萄糖隔水融化至 80℃，呈浓稠状。

③ 将蛋黄液和淀粉拌匀至无颗粒状态，倒入步骤 2 的混合物中，隔水煮至细滑浓稠状。

④ 将步骤 3 的混合物倒入步骤 1 的混合芝士中，拌匀。

⑤ 将蛋白液、细砂糖倒入搅拌机中，挤入柠檬汁，打发至七成。

⑥ 将打发的蛋白液分次倒入步骤 4 的混合物中，搅拌均匀。

4. 成品的制作

① 将芝士混合物装入裱花袋中，挤进放入蛋糕片的模型中。

② 放入预热好的烤箱，以上火 220℃、下火 0℃烘烤 16 分钟即可取出。

冬翅蓉蛋黄酥是广东陈五邑地区很流行的喜饼，在台山历史悠久，将冬瓜纤维（冬翅蓉）包上整个烤半熟的海鸭蛋，经师傅多道工序制作，烤熟的冬翅蓉蛋黄酥凉冻后，吃起来酥松可口。

蛋黄酥

Dan huang su

扫一扫看视频

材料

A. 油皮部分

- 高筋面粉 500 克
- 低筋面粉 500 克
- 细砂糖 300 克
- 蛋黄液 100 克
- 水 450 克
- 黄油 200 克

B. 油酥部分

- 低筋面粉 500 克
- 黄油 280 克

C. 内馅部分

- 冬翅蓉 1050 克
- 咸蛋黄 18 个
- 肉松 10 克

* 每份配方 35 个成品

1. 材料的准备

2. 油皮的制作

① 把高筋面粉和低筋面粉混合。

② 开窝，中间倒入细砂糖、黄油，把细砂糖与黄油初步混合，加入蛋黄液，拌匀。

③ 加水，将高筋面粉、低筋面粉与步骤 2 中的混合物混合均匀，揉成油皮面团。

3. 油酥的制作

把黄油与低筋面粉混合均匀，揉成油酥面团。

4. 内馅的制作

① 把冬翅蓉分成每小份 30 克，揉成球状。

② 把冬翅蓉球压成碗状，填入半颗咸蛋黄，再放入少许肉松，包紧，揉成球状。

5. 开酥步骤

① 将油皮面团分割成每个 30 克的油皮面团。

② 取一个 30 克油皮面团压扁，包入 15 克左右油酥，捏成球状，再擀成牛舌状，翻面，卷起面团，压扁，沿垂直于刚才的擀面方向把面团按三段式折叠。

③ 把折叠卷起的面团压扁，擀成圆饼，备用。

6. 包馅步骤

① 取一块圆饼，包入内馅，捏紧，揉成球状。

② 放入置于烤盘上的模具中，表面刷上蛋黄液。

（备注：可撒入少许白芝麻用于装饰）

7. 成品的制作

放入预热好的烤箱，以上、下火 120℃烘烤 25 分钟即可。

中际烘焙协会

The international association of baking

中国烘焙

http://www.baking-zg.com